数研出版編集部 編

スタンダード　数学B
〔数列，統計的な推測〕
教科書傍用

は　し　が　き

　本書は半世紀発行を続けてまいりました数研出版伝統の問題集です。全国の皆様から頂きました貴重な御意見が支えとなって，今日に至っております。教育そのものが厳しく問われている近年，どのような学習をすることが，生徒諸君の将来の糧になるかなど，根本的な課題が議論されてきております。

　教育については，様々な捉え方がありますが，数学については，やはり積み重ねの練習が必要であると思います。そして，まず1つ1つの基礎的内容を確実に把握することが重要であり，次に，それらの基礎概念を組み合わせて考える応用力が必要になってきます。

　編集方針として，上記の基本的な考え方を踏まえ，次の3点をあげました。

　　1．基本問題の反復練習を豊富にする。

　　2．やや程度の高い重要な問題も，その内容を分析整理することによって，重
　　　要事項が無理なく会得できるような形にする。

　　3．別冊詳解はつけない。自力で解くことによって真の実力が身につけられる
　　　ように編集する。なお，巻末答には，必要に応じて，指針・略解をつけて，
　　　自力で解くときの手助けとなる配慮もする。

　このような方針で，編集致しましたが，まだまだ不十分な点もあることと思います。皆様の御指導と御批判を頂きながら，所期の目的達成のために，更によりよい問題集にしてゆきたいと念願しております。

本書の構成と使用法

要項　問題解法に必要な公式およびそれに付随する注意事項をのせた。

例題　重要で代表的な問題を選んで例題とした。

  指針　問題のねらいと解法の要点を要領よくまとめた。

  解答　模範解答を示すようにしたが，中には略解の場合もある。

問題　問題A，問題B，発展の3段階に分けた。

  問題A　基本的な実力養成をねらったもので，諸君が独力で解答を試み，疑問の点のみを先生に質問するかまたは，該当する例題を参考にするということで理解できることが望ましい問題である。

  Aのまとめ　問題Aの内容をまとめたもので，基本的な実力がどの程度身についたかを知るためのテスト問題としても利用できる。

  問題B　応用力の養成をねらったもので，先生の指導のもとに学習すると，より一層の効果があがるであろう。

  発　展　発展学習的な問題など，教科書本文では，その内容が取り扱われていないが，重要と考えられる問題を配列した。

  ヒント　ページの下段に付した。問題を解くときに参照してほしい。

□印問題　掲載している問題のうち，思考力・判断力・表現力の育成に特に役立つ問題に□印をつけた。また，本文で扱えなかった問題を巻末の総合問題でまとめて取り上げた。なお，総合問題にはこの印を付していない。

答と略解　答の数値，図のみを原則とし，必要に応じて [　] 内に略解を付した。

指導要領の　学習指導要領の枠を超えている問題に対して，問題番号などの右
枠外の問題　上に◆印を付した。内容的にあまり難しくない問題は問題Bに，やや難しい問題は発展に入れた。

■選択学習　時間的余裕のない場合や，復習を効果的に行う場合に活用。

  ＊印　＊印の問題のみを演習しても，一通りの学習ができる。

  Aのまとめ　復習をする際に，問題Aはこれのみを演習してもよい。

チェックボックス（□）　問題番号の横に設けた。

■問題数

    総数 207 題　例題 25 題，問題A 81 題，問題B 90 題，発展 8 題
    総合問題 3 題，＊印 100 題，Aのまとめ 17 題，□印 10 題

数　列

1　等差数列

▶一般項　$a_n = a + (n-1)d$　（初項 a，公差 d）

▶数列 a, b, c が等差数列 $\Longleftrightarrow$ $2b = a + c$

▶初項から第 **n** 項までの和 S_n

　① 初項 a，第 n 項 l のとき
$$S_n = \frac{1}{2}n(a + l)$$

　② 初項 a，公差 d のとき
$$S_n = \frac{1}{2}n\{2a + (n-1)d\}$$

▶自然数の和，奇数の和

　① $1 + 2 + 3 + \cdots\cdots + n = \frac{1}{2}n(n+1)$

　② $1 + 3 + 5 + \cdots\cdots + (2n-1) = n^2$

2　等比数列

▶一般項　$a_n = ar^{n-1}$　（初項 a，公比 r）

▶$a \neq 0$, $b \neq 0$, $c \neq 0$ のとき
　数列 a, b, c が等比数列 $\Longleftrightarrow$ $b^2 = ac$

▶初項から第 **n** 項までの和 S_n　（初項 a，公比 r）

　① $r \neq 1$ のとき　$S_n = \dfrac{a(1-r^n)}{1-r} = \dfrac{a(r^n-1)}{r-1}$

　② $r = 1$ のとき　$S_n = na$

3　いろいろな数列の和

▶和の記号 $\sum$　$\displaystyle\sum_{k=1}^{n} a_k = a_1 + a_2 + a_3 + \cdots\cdots + a_n$

▶数列の和の公式

$$\sum_{k=1}^{n} c = nc \qquad 特に \quad \sum_{k=1}^{n} 1 = n$$

$$\sum_{k=1}^{n} k = \frac{1}{2}n(n+1)$$

$$\sum_{k=1}^{n} k^2 = \frac{1}{6}n(n+1)(2n+1)$$

$$\sum_{k=1}^{n} k^3 = \left\{\frac{1}{2}n(n+1)\right\}^2$$

▶$\sum$ の性質

　① $\displaystyle\sum_{k=1}^{n}(a_k + b_k) = \sum_{k=1}^{n} a_k + \sum_{k=1}^{n} b_k$

　② $\displaystyle\sum_{k=1}^{n} pa_k = p\sum_{k=1}^{n} a_k$　p は k に無関係な定数

4　階差数列

数列 $\{a_n\}$ の階差数列を $\{b_n\}$ とすると

$$b_n = a_{n+1} - a_n$$
$$(n = 1, 2, 3, \cdots\cdots)$$

$n \geqq 2$ のとき　$a_n = a_1 + \displaystyle\sum_{k=1}^{n-1} b_k$

5　数列の和と一般項

数列 $\{a_n\}$ の初項から第 n 項までの和を S_n とすると

初項 a_1 は　　　$a_1 = S_1$

$n \geqq 2$ のとき　$a_n = S_n - S_{n-1}$

6　分数の数列の和

部分分数に分解して途中を消す。

$\dfrac{1}{k(k+1)} = \dfrac{1}{k} - \dfrac{1}{k+1}$ などの変形を利用。

7　(等差数列)×(等比数列) の数列の和

和を S とおき，$S - rS$ を計算する。ただし，r は等比数列の公比。

8　漸化式と一般項

▶隣接 2 項間

　① $a_{n+1} = a_n + d$
　　　$\longrightarrow$　等差数列（公差 d）

　② $a_{n+1} = ra_n$
　　　$\longrightarrow$　等比数列（公比 r）

　③ $a_{n+1} - a_n = （n の式）$
　　　$\longrightarrow$　階差数列を利用

　④ $a_{n+1} = pa_n + q$　$(p \neq 0, p \neq 1)$
　　　$\longrightarrow$　$a_{n+1} - c = p(a_n - c)$ と変形。数列 $\{a_n - c\}$ は等比数列（公比 p）。ただし，$c = pc + q$

▶隣接 3 項間

$pa_{n+2} + qa_{n+1} + ra_n = 0$

$\longrightarrow$ $a_{n+2} - \alpha a_{n+1} = \beta(a_{n+1} - \alpha a_n)$ と変形。数列 $\{a_{n+1} - \alpha a_n\}$ は等比数列（公比 β）。ただし，α, β は x の 2 次方程式 $px^2 + qx + r = 0$ の解。

▶確率と漸化式

n 回目と $(n+1)$ 回目に注目して，確率 p_n と p_{n+1} の漸化式を作る。

9　数学的帰納法

自然数 n に関する事柄 P が，すべての自然数 n について成り立つことを証明するには，[1] と [2] を示せばよい。

[1]　$n = 1$ のとき P が成り立つ。

[2]　$n = k$ のとき P が成り立つと仮定すると，
　　　$n = k+1$ のときにも P が成り立つ。

10 確率変数の期待値，分散，標準偏差

確率変数 X が下の表に示された分布に従うとする。

X	x_1	x_2	……	x_n	計
P	p_1	p_2	……	p_n	1

▶期待値 $E(X)$，分散 $V(X)$，標準偏差 $\sigma(X)$

$$E(X)=x_1p_1+x_2p_2+\cdots\cdots+x_np_n=\sum_{k=1}^{n}x_kp_k$$
$$V(X)=E((X-m)^2)$$
$$=(x_1-m)^2p_1+(x_2-m)^2p_2+\cdots\cdots+(x_n-m)^2p_n$$
$$=\sum_{k=1}^{n}(x_k-m)^2p_k$$
$$\sigma(X)=\sqrt{V(X)} \qquad (m \text{ は } X \text{ の期待値})$$

▶分散・標準偏差の公式

$$V(X)=E(X^2)-\{E(X)\}^2$$
$$\sigma(X)=\sqrt{E(X^2)-\{E(X)\}^2}$$

11 確率変数の変換

X は確率変数，a, b は定数とする。$Y=aX+b$
のとき
$$E(Y)=aE(X)+b$$
$$V(Y)=a^2V(X)$$
$$\sigma(Y)=|a|\sigma(X)$$

12 確率変数の和と積

X, Y は確率変数，a, b は定数とする。
▶① $E(X+Y)=E(X)+E(Y)$
② $E(aX+bY)=aE(X)+bE(Y)$
▶X, Y が互いに独立であるとき
① $E(XY)=E(X)E(Y)$
② $V(X+Y)=V(X)+V(Y)$
③ $V(aX+bY)=a^2V(X)+b^2V(Y)$

13 二項分布 $B(n, p)$ $(0<p<1$, $q=1-p)$

▶$P(X=r)={}_nC_rp^rq^{n-r}$ で与えられる分布。
▶1回の試行で，事象 A の起こる確率を p とする。
この試行を n 回行う反復試行において，A が起こる
回数を X とすると，X は二項分布 $B(n, p)$ に従う。
▶期待値，分散，標準偏差
$$E(X)=np, \ V(X)=npq, \ \sigma(X)=\sqrt{npq}$$

14 正規分布 $N(m, \sigma^2)$ 確率変数を X とする。

▶X の確率密度関数
$$f(x)=\frac{1}{\sqrt{2\pi}\sigma}e^{-\frac{(x-m)^2}{2\sigma^2}}$$

▶期待値は $E(X)=m$
標準偏差は $\sigma(X)=\sigma$

▶正規分布と標準正規分布
$$Z=\frac{X-m}{\sigma} \text{ とおくと，}$$
Z は標準正規分布 $N(0, 1)$ に従う。

15 二項分布の正規分布による近似 $(q=1-p)$

二項分布 $B(n, p)$
に従う確率変数 X
は，n が大きいと
き，近似的に正規
分布 $N(np, npq)$
に従い，
$$Z=\frac{X-np}{\sqrt{npq}}$$
は，近似的に標準正規分布 $N(0, 1)$ に従う。

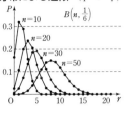

16 標本平均とその分布

母平均 m，母標準偏差 σ の母集団から大きさ n の
無作為標本を抽出するときの標本平均を $\overline{X}$ とする。
▶標本平均の期待値と標準偏差
$$E(\overline{X})=m, \quad \sigma(\overline{X})=\frac{\sigma}{\sqrt{n}}$$

▶標本平均の分布
n が大きいとき，標本平均 $\overline{X}$ は近似的に正規分布
$N\left(m, \dfrac{\sigma^2}{n}\right)$ に従う。

▶大数の法則
標本平均 $\overline{X}$ は，n が大きくなるに従って，母平均
m に近づく。

17 推定 （母標準偏差を σ とする）

▶母平均の推定
標本の大きさ n が大きいとき，母平均 m に対する
信頼度 95% の信頼区間は
$$\left[\overline{X}-1.96\cdot\frac{\sigma}{\sqrt{n}}, \ \overline{X}+1.96\cdot\frac{\sigma}{\sqrt{n}}\right]$$
$$(\overline{X} \text{ は標本平均})$$

▶母比率の推定
標本の大きさ n が大きいとき，母比率 p に対する信
頼度 95% の信頼区間は
$$\left[R-1.96\sqrt{\frac{R(1-R)}{n}}, \ R+1.96\sqrt{\frac{R(1-R)}{n}}\right]$$
$$(R \text{ は標本比率})$$

18 仮説検定

▶仮説検定の手順
① 事象が起こった状況や原因を推測し，仮説を立
てる。
② 有意水準 α を定め，仮説に基づいて棄却域を求
める。
③ 標本から得られた確率変数の値が棄却域に入れ
ば仮説を棄却し，棄却域に入らなければ仮説を棄
却しない。

目　　次

1 数列と一般項，等差数列

1 等差数列
　① **定　義** $a_{n+1}=a_n+d$ すなわち $a_{n+1}-a_n=d$　　d：公差
　② **一般項** 初項 a，公差 d の等差数列 $\{a_n\}$ の一般項　$a_n=a+(n-1)d$

2 等差数列をなす3数
　数列 a, b, c が等差数列 $\iff 2b=a+c$

A

☐ **1** 一般項が次の式で表される数列 $\{a_n\}$ の a_1, a_2, a_3, a_{10} を求めよ。

　(1) $a_n=2n+1$　　(2) $a_n=n^2+1$　　(3) $a_n=\dfrac{n+1}{n}$　　(4) $a_n=(-2)^n$

☐ **2** 次の数列の一般項を推測せよ。

　(1) 5, 10, 15, 20, ……　　　　　　(2) 5, 7, 9, 11, ……

　*(3) 1, -2, 3, -4, ……　　　　　*(4) $\dfrac{3}{2}$, $\dfrac{9}{4}$, $\dfrac{27}{6}$, $\dfrac{81}{8}$, ……

☐ *3 次の数列が等差数列のとき，☐ に適する数を入れ，一般項を求めよ。

　(1) ☐, 11, 6, ☐, ☐, ……　　　　(2) 18, ☐, 50, ……

☐ **4** 次の等差数列について，[ ] に指定されたものを求めよ。

　(1) 初項5，公差 -2 [第6項]　　　(2) 初項3，公差4，第 n 項47 [n]

　*(3) 公差3，第7項10 [初項]　　　*(4) 初項100，第6項65 [公差]

☐ *5 次の等差数列 $\{a_n\}$ の一般項を求めよ。

　(1) 第5項が10，第10項が20　　　(2) 第10項が100，第100項が10

☐ **6** 一般項が $a_n=5n-3$ で表される数列 $\{a_n\}$ は等差数列であることを示せ。また，初項と公差を求めよ。

☐ **7** 次の数列が等差数列であるとき，k の値を求めよ。

　(1) 5, k, 11　　　　　　*(2) 4, k, $6k$　　　　　(3) k, 5, $3k$

☐ **Aの まとめ 8** (1) 初項 -23，公差4の等差数列において，第13項を求めよ。また，13となるのは第何項か。

　　(2) 等差数列 $\{a_n\}$ の第3項が44，第8項が29のとき，一般項を求めよ。

等差数列をなす 3 数

例題 1　等差数列をなす 3 つの数がある。その和は 15 で，積は 80 である。この 3 つの数を求めよ。

指針　等差数列をなす 3 数
[1] 第 2 項 a，公差 d として，3 数を $a-d$, a, $a+d$ と表す。
[2] 数列 a, b, c が等差数列 $\iff$ $2b=a+c$

解答　この数列の公差を d とすると，3 つの数は $a-d$, a, $a+d$ で表される。
和が 15，積が 80 であるから
$$(a-d)+a+(a+d)=15 \ \cdots\cdots ①, \quad (a-d)a(a+d)=80 \ \cdots\cdots ②$$
① から　$a=5$　　これを ② に代入して整理すると　$d^2=9$
したがって　$d=\pm3$
ゆえに，この等差数列は　2, 5, 8 または 8, 5, 2
よって，求める 3 つの数は　**2, 5, 8**　答

別解　求める 3 つの数を a, b, c とすると　$2b=a+c$ $\cdots\cdots$ ①
条件から　$a+b+c=15$ $\cdots\cdots$ ②,　$abc=80$ $\cdots\cdots$ ③
①，② から　$3b=15$　　よって　$b=5$
これを ①，③ に代入すると　$a+c=10$, $ac=16$
a, c は 2 次方程式 $x^2-10x+16=0$ の解である。
この 2 次方程式を解くと　$x=2, 8$
よって，求める 3 つの数は　**2, 5, 8**　答

B

9 (1) 等差数列 5, 9, 13, …… は第何項から 100 より大きくなるか。
　*(2) 第 10 項が 30，第 30 項が 10 である等差数列の第何項が初めて負となるか。

10 数列 $\{a_n\}$, $\{b_n\}$ が等差数列ならば，次の数列も等差数列であることを証明せよ。
(1) $\{a_n-1\}$　　*(2) $\{2a_n-3b_n\}$　　(3) $\{a_{2n}\}$

11 等差数列をなす 3 つの数が次のようになるとき，その 3 つの数を求めよ。
　*(1) 3 つの数の和が 27，積が 693
(2) 3 つの数の 2 乗の和が 350，最大の数は他の 2 つの数の和に等しい。

*12 3 辺の長さが等差数列をなす直角三角形の 3 辺の比を求めよ。

13 次の数列は，各項の逆数をとった数列が等差数列となる。このとき，x, y の値ともとの数列の一般項を求めよ。
(1) 1, $\dfrac{1}{3}$, $\dfrac{1}{5}$, x, y, ……　　(2) 1, x, $\dfrac{1}{2}$, y, ……

2 等差数列の和

1 等差数列の和

初項 a，公差 d，末項 l，項数 n の等差数列の和を S_n とする。

① $S_n=\dfrac{1}{2}n(a+l)$

② $S_n=\dfrac{1}{2}n\{2a+(n-1)d\}$　←$l=a+(n-1)d$

2 自然数の数列の和，正の奇数の数列の和

① $1+2+3+\cdots\cdots+n=\dfrac{1}{2}n(n+1)$ ← 初項1，公差1，項数 n の等差数列の和

② $1+3+5+\cdots\cdots+(2n-1)=n^2$ ← 初項1，公差2，項数 n の等差数列の和

■■ A ■■

☑*14 次のような等差数列の和を求めよ。
(1) 初項 3，末項 21，項数 10
(2) 初項 50，公差 -2，項数 26

☑ 15 次のような等差数列の初項から第 n 項までの和を S_n とする。S_n および S_{10} を求めよ。
*(1) 初項 2，公差 2　　　　(2) 初項 20，公差 -5

☑ 16 次の等差数列の初項から第 n 項までの和を求めよ。
(1) 8，12，16，……　　　*(2) 4，1，-2，……

☑ 17 次の等差数列の和を求めよ。
(1) -14，-11，-8，……，7
*(2) 85，78，71，……，43

☑ 18 次の等差数列について，[ ] に指定されたものを求めよ。
(1) 初項 27，初項から第 18 項までの和が 945 ［公差］
(2) 初項 48，末項 -20，和 490 ［公差と項数］
*(3) 第5項が 12，初項から第5項までの和が 20 ［初項と公差］

☑ 19 30 から 100 までの自然数のうち，次のような数の和を求めよ。
(1) 4 の倍数　　　　(2) 5 の倍数
*(3) 20 の倍数　　　　*(4) 5 で割り切れない数

☑ ■Aの■ 20 (1) 初項 -3，公差 5，項数 15 の等差数列の和を求めよ。
まとめ　　(2) 等差数列 123，120，……，-24 の和を求めよ。

■等差数列の和

例題 2　第 10 項が -14，第 30 項が 66 の等差数列について，初項から第何項までの和が初めて正となるか。

指針　**等差数列の和の大小**　（初項から第 n 項までの和）>0 を満たす最小の自然数 n の値を求める。

解答　この等差数列の初項を a，公差を d とすると，第 n 項は　　$a+(n-1)d$

条件から　　$a+9d=-14$，$a+29d=66$　　　これを解いて　　$a=-50$，$d=4$

ゆえに，初項から第 n 項までの和は　　$\dfrac{1}{2}n\{2\times(-50)+(n-1)\times4\}=2n(n-26)$

$2n(n-26)>0$ とすると，n は自然数であるから　　$n\geqq27$

よって，初項から **第 27 項** までの和が初めて正となる。**答**

B

☐ *21　ある等差数列の初項から第 n 項までの和を S_n とする。$S_{10}=100$，$S_{20}=400$ のとき，初項，公差および S_{30} を求めよ。

☐ 22　ある等差数列の初項から第 5 項までの和が -5，第 6 項から第 10 項までの和が 145 である。第 11 項から第 15 項までの和を求めよ。

☐ *23　-5 と 15 の間に n 個の数を追加した等差数列を作ると，その総和が 100 になった。このとき，n の値と公差を求めよ。

☐ *24　第 5 項が 100，第 10 項が 85 の等差数列について
(1)　50 はこの数列の項となりうるか。
(2)　初項から第 n 項までの和 S_n が負となる最小の n の値を求めよ。
(3)　和 S_n が最大となる n の値を求めよ。

☐ 25　1 から 300 までの自然数について，次のような数の和を求めよ。
(1)　3 または 7 で割り切れる数　　　(2)　3 でも 7 でも割り切れない数

☐ 26　a，b は正の整数で $a<b$ とする。a と b の間にあって，5 を分母とするすべての分数（整数を除く）の和を求めよ。

....

ヒント 25 (2)　{3 でも 7 でも割り切れない数}
　　　　　＝{1 から 300 までの自然数}－{3 または 7 で割り切れる数}
　　　26　a から b までの 5 を分母とする分数（整数も含む）を書き出すと

$$\frac{5a}{5}, \quad \frac{5a+1}{5}, \quad \frac{5a+2}{5}, \quad \cdots\cdots, \quad \frac{5b}{5}$$

　　　これは初項 a，末項 b，公差 $\dfrac{1}{5}$，項数 $5(b-a)+1$ の等差数列。

3 等比数列とその和

> **1 等比数列**
> 初項 a，公比 r，項数 n の等比数列 $\{a_n\}$ の和を S_n とする。
>
> ① **定義** $a_{n+1}=a_n r$ 特に，$ar \neq 0$ のとき $\dfrac{a_{n+1}}{a_n}=r$
>
> ② **一般項** $a_n=ar^{n-1}$
>
> ③ **等比数列の和**
>
> $r \neq 1$ のとき $S_n=\dfrac{a(1-r^n)}{1-r}=\dfrac{a(r^n-1)}{r-1}$， $r=1$ のとき $S_n=na$
>
> **2 等比数列をなす3数**
> a, b, c は 0 でないとする。数列 a, b, c が等比数列 $\iff$ $b^2=ac$

■ A ■

☑ **27** 次の数列が等比数列のとき，□に適する数を入れ，一般項を求めよ。

(1) 1, 2, 4, □, □, ……   *(2) □, −6, 12, □, □, ……

(3) 81, □, □, −3, 1, ……   *(4) 3, □, 48, □, ……

☑ **28** 次の等比数列について，[ ]に指定されたものを求めよ。

*(1) 初項 5，公比 2 [第8項]

*(2) 公比 −2，第6項 160 [初項]

*(3) 初項 2，第4項 54 [公比(実数)]

(4) 初項 4，第5項 64 [公比(実数)]

☑***29** 次の等比数列 $\{a_n\}$ の初項と公比を求めよ。また，一般項を求めよ。
ただし，公比は実数とする。

(1) 第3項が 36，第6項が 972

(2) 第3項が 12，第7項が 192

☑ **30** 次の数列が等比数列であるとき，k の値を求めよ。

(1) 3, k, 12   *(2) 4, k, $k-1$ *(3) k, 6, $k+5$

☑ **31** 次のような等比数列の初項から第 n 項までの和を S_n とする。S_n および S_{10} を求めよ。

*(1) 初項 4，公比 2   (2) 初項 −2，公比 1

☑ **32** 次のような等比数列の和を求めよ。

*(1) 初項 1，公比 2，末項 64   (2) 初項 162，公比 $-\dfrac{1}{3}$，末項 2

☑ **33** 次の等比数列の初項から第 n 項までの和を求めよ。

*(1) $-1,\ 2,\ -4,\ \cdots\cdots$ (2) $3,\ -3,\ 3,\ -3,\ \cdots\cdots$

☑ **■Aの■**
まとめ **34** 第 3 項が 18, 第 5 項が 162 の等比数列 $\{a_n\}$ について

(1) 一般項を求めよ。

(2) 第 7 項を求めよ。

(3) 各項が正のとき, 初項から第 5 項までの和を求めよ。

☑***35** 数列 $-5,\ a,\ b$ が等差数列, 数列 $a,\ b,\ 45$ が等比数列をなす。このとき, a, b の値を求めよ。

☑ **36** 数列 2, 6, $\cdots\cdots$, 1458, $\cdots\cdots$ は等差数列となることができるか。また, 等比数列となることができるか。

☑ **37** 次の等比数列について, [ ] に指定されたものを求めよ。

*(1) 公比 -2, 初項から第 10 項までの和が -1023 [初項]

(2) 初項 3, 公比 2, 和 93 [項数]

☑***38** 次の等比数列の初項と公比を求めよ。

(1) 第 3 項が 10, 初項から第 3 項までの和が 30

(2) 初項から第 3 項までの和が 7, 第 2 項から第 4 項までの和が 14

☑***39** 初項が 2, 公比が 3 の等比数列について

(1) 初めて 100 より大きくなるのは第何項か。

(2) 初項から第何項までの和が初めて 1000 より大きくなるか。

☑ **40** 次の数の正の約数の和を求めよ。

(1) 2^9 *(2) $2^5 \cdot 3^3$ (3) 720

※ **41** は数学Ⅱの「指数関数と対数関数」を学んでから取り組んでほしい。

☑ **41** 数列 $\{\log_2 a_n\}$ が初項 2, 公差 -1 である等差数列であるとき, 数列 $\{a_n\}$ は等比数列であることを示せ。また, 数列 $\{a_n\}$ の初項と公比を求めよ。

■■複利計算

<table>
<tr><td>例題 **3**</td><td>毎年度初めに5万円ずつ積み立てる。年利率を 0.2 % とし，1 年ごとの複利で，10 年間の元利合計はいくらになるか。ただし，$1.002^{10}=1.0202$ として計算せよ。</td></tr>
</table>

■指針■　**複利計算**　各年度初めに積み立てる5万円について，それぞれ別々に元利合計を計算し，その和を求める。

例えば，3年間の元利合計を考えてみると

第1年度初めの5万円 ⟶ 3年間預ける ⟶ $5\cdot1.002^3$ 万円
第2年度初めの5万円 ⟶ 2年間預ける ⟶ $5\cdot1.002^2$ 万円
第3年度初めの5万円 ⟶ 1年間預ける ⟶ $5\cdot1.002$　万円

よって，第3年度末には $(5\cdot1.002^3+5\cdot1.002^2+5\cdot1.002)$ 万円になる。

解答　求める元利合計を S 円とすると

$$S=50000\cdot1.002+50000\cdot1.002^2+50000\cdot1.002^3+\cdots\cdots+50000\cdot1.002^{10}$$

これは，初項 $50000\cdot1.002$，公比 1.002，項数 10 の等比数列の和で

$$S=\frac{50000\cdot1.002(1.002^{10}-1)}{1.002-1}$$

$$=\frac{50000\cdot1.002(1.0202-1)}{0.002}$$

$$=506010 \qquad 答\quad \textbf{506010 円}$$

■■■■■ 発展 ■■■■■

☐ **42** $0<a<b$ とする。数列 $a,\ u,\ v,\ w,\ b$ が等差数列であり，数列 $a,\ x,\ y,\ z,\ b$ が等比数列（公比は実数）である。

(1) uw と xz の大小を比較せよ。

(2) $u+w$ と $x+z$ の大小を比較せよ。

☐ **43** 西暦 2022 年 1 月 1 日に 100 万円を年利率 7 % で借りた人がいる。この返済は 2022 年 12 月 31 日を第 1 回とし，その後，毎年年末に等額ずつ支払い，2024 年年末に完済することにする。毎年年末に支払う金額を求めよ。ただし，$1.07^3=1.225$ として計算し，1 円未満は切り上げよ。

ヒント **42** 公差を d，公比を r とし，　(1) $uw-xz$　(2) $(u+w)-(x+z)$　を，それぞれ a, b, d, r で表す。

43 借りた 100 万円の 3 年分の元利合計と，毎年の返済金を積み立てたときの 3 年分の元利合計の総額が等しくなるように返済金を決める。

4 和の記号Σ，階差数列

1 和の公式

$\sum\limits_{k=1}^{n} c = nc$ （c は k に無関係）　特に　$\sum\limits_{k=1}^{n} 1 = n$

$\sum\limits_{k=1}^{n} k = \dfrac{1}{2}n(n+1)$　　$\sum\limits_{k=1}^{n} k^2 = \dfrac{1}{6}n(n+1)(2n+1)$

$\sum\limits_{k=1}^{n} k^3 = \left\{\dfrac{1}{2}n(n+1)\right\}^2$　　$\sum\limits_{k=1}^{n} r^{k-1} = \dfrac{1-r^n}{1-r} = \dfrac{r^n-1}{r-1}$　（$r \neq 1$）

2 Σの性質

p, q が k に無関係な定数のとき　$\sum\limits_{k=1}^{n}(pa_k+qb_k) = p\sum\limits_{k=1}^{n} a_k + q\sum\limits_{k=1}^{n} b_k$

3 階差数列と一般項

$b_n = a_{n+1} - a_n$ $(n \geq 1)$ で定められた数列 $\{b_n\}$ を，数列 $\{a_n\}$ の **階差数列** という。

このとき　$a_n = a_1 + \sum\limits_{k=1}^{n-1} b_k$　$(n \geq 2)$

4 数列の和と一般項

数列 $\{a_n\}$ の初項から第 n 項までの和を S_n とすると

初項 a_1 は　$a_1 = S_1$,　　$n \geq 2$ のとき　$a_n = S_n - S_{n-1}$

■ A ■

☐ **44** (1) 次の和を，Σ を用いないで，各項を書き並べて表せ。

(ア) $\sum\limits_{k=1}^{6} k^2$　　*(イ) $\sum\limits_{k=5}^{10} 2^k$　　(ウ) $\sum\limits_{i=4}^{7} i^2$　　*(エ) $\sum\limits_{k=2}^{5}(k+2)^2$

(2) 次の数列の和を記号 Σ を用いて表せ。

(ア) 2^3, 2^4, 2^5, ……, 2^n　　　*(イ) 1, 4, 9, ……, 64

■次の和を求めよ。[**45**, **46**]

☐ **45** (1) $\sum\limits_{k=1}^{n}(2k-7)$　　　　*(2) $\sum\limits_{k=1}^{n} 2 \cdot 3^{k-1}$

(3) $\sum\limits_{k=1}^{10}(2k+1)$　　　　*(4) $\sum\limits_{k=4}^{9} k^2$

☐ **46** *(1) $\sum\limits_{k=1}^{n}(k^2+2k)$　　　(2) $\sum\limits_{k=1}^{n}(2k+4-3k^2)$

(3) $\sum\limits_{k=1}^{n}(k^3-6k)$　　　(4) $\sum\limits_{k=1}^{n}(3k+1)(2k-3)$

☐ **47** 次の数列の第 k 項，および初項から第 n 項までの和を求めよ。

(1) 3^2, 6^2, 9^2, 12^2, ……　　*(2) $1\cdot1$, $2\cdot3$, $3\cdot5$, $4\cdot7$, ……

*(3) 1^3, 3^3, 5^3, 7^3, ……　　(4) $1\cdot2\cdot3$, $2\cdot3\cdot5$, $3\cdot4\cdot7$, $4\cdot5\cdot9$, ……

☑ **48** 次の数列(1)~(4)について，それぞれ問い [1]，[2] に答えよ。
　　　[1]　階差数列 $\{b_n\}$ の一般項を求めよ。
　　　[2]　与えられた数列の一般項を求めよ。
　　(1)　2, 3, 5, 8, 12, ……　　　　*(2)　1, 2, 6, 15, 31, ……
　　(3)　1, 0, 1, 0, 1, ……　　　　*(4)　1, 2, 5, 14, 41, ……

☑*49 数列 10, 8, 4, -2, -10, …… の一般項を求めよ。

☑*50 初項から第 n 項までの和が次の式で表される数列の一般項を求めよ。
　　(1)　n^3+2　　　　　　　　　(2)　2^n+3

☑ **51** 初項から第 n 項までの和が n^2-5n で表される数列 $\{a_n\}$ について
　　(1)　一般項を求めよ。　　　　(2)　$a_2{}^2+a_4{}^2+\cdots\cdots+a_{2n}{}^2$ を求めよ。

☑ **■Aの■ まとめ** **52** (1)　数列 $2\cdot3$, $4\cdot5$, $6\cdot7$, …… の初項から第 n 項までの和を求めよ。
　　(2)　数列 1, 2, 5, 10, 17, 26, …… の一般項を求めよ。
　　(3)　初項から第 n 項までの和が n^2-3n で表される数列の一般項を求めよ。

■■■ B ■■■

☑ **53** 次の計算をせよ。
　　(1)　$\displaystyle\sum_{m=1}^{n}\left\{\sum_{k=1}^{m}(2k+1)\right\}$　　　　*(2)　$\displaystyle\sum_{m=1}^{n}\left\{\sum_{p=1}^{m}\left(\sum_{k=1}^{p}1\right)\right\}$

☑ **54** 次の数列の第 k 項 $(k\leqq n)$ と，初項から第 n 項までの和を求めよ。
　　*(1)　$1\cdot(n+1)$, $2(n+2)$, $3(n+3)$, ……, $n(n+n)$
　　(2)　$1^2\cdot n$, $2^2(n-1)$, $3^2(n-2)$, ……, $n^2\cdot1$
　　*(3)　1, $1+3$, $1+3+9$, $1+3+9+27$, ……
　　(4)　1^2, 1^2+3^2, $1^2+3^2+5^2$, $1^2+3^2+5^2+7^2$, ……

☑ **55** 次の数列の一般項を求めよ。
　　*(1)　1, 2, 4, 9, 19, 36, ……
　　(2)　1, -1, -2, -6, -1, -23, 36, ……

5　いろいろな数列の和

■ 部分分数に分解，（等差）×（等比）の和

例題 4

次の数列の初項から第 n 項までの和 S_n を求めよ。

(1) $\dfrac{1}{2\cdot4}$, $\dfrac{1}{4\cdot6}$, $\dfrac{1}{6\cdot8}$, $\dfrac{1}{8\cdot10}$, ……

(2) 3, $5\cdot2$, $7\cdot2^2$, $9\cdot2^3$, ……

指針　部分分数に分解　$\dfrac{1}{k(k+1)}=\dfrac{1}{k}-\dfrac{1}{k+1}$ など。

数列の和　$a_n x^{n-1}$（a_n は等差数列）の形の数列の和は S_n-xS_n を計算。

解答

(1) この数列の第 k 項は　　$\dfrac{1}{2k(2k+2)}=\dfrac{1}{4}\left(\dfrac{1}{k}-\dfrac{1}{k+1}\right)$

よって　　$S_n=\dfrac{1}{4}\left\{\left(1-\dfrac{1}{2}\right)+\left(\dfrac{1}{2}-\dfrac{1}{3}\right)+\left(\dfrac{1}{3}-\dfrac{1}{4}\right)+\cdots\cdots+\left(\dfrac{1}{n}-\dfrac{1}{n+1}\right)\right\}$

$=\dfrac{1}{4}\left(1-\dfrac{1}{n+1}\right)=\dfrac{\boldsymbol{n}}{\boldsymbol{4(n+1)}}$　**答**

(2) この数列の第 k 項は　　$(2k+1)\cdot2^{k-1}$

$S_n=3+5\cdot2+7\cdot2^2+\cdots\cdots+(2n+1)\cdot2^{n-1}$

$2S_n=\quad\;\;3\cdot2+5\cdot2^2+\cdots\cdots+(2n-1)\cdot2^{n-1}+(2n+1)\cdot2^n$

辺々引くと　$-S_n=3+2\cdot2+2\cdot2^2+\cdots\cdots+2\cdot2^{n-1}-(2n+1)\cdot2^n$

$=1+\dfrac{2(2^n-1)}{2-1}-(2n+1)\cdot2^n=-1-(2n-1)\cdot2^n$

したがって　　$S_n=(2n-1)\cdot2^n+1$　**答**

□*56　次の数列の初項から第 n 項までの和を求めよ。

(1) $\dfrac{1}{1\cdot4}$, $\dfrac{1}{4\cdot7}$, $\dfrac{1}{7\cdot10}$, ……

(2) $\dfrac{1}{1}$, $\dfrac{1}{1+2}$, $\dfrac{1}{1+2+3}$, ……

□*57　次の和を求めよ。

(1) $\displaystyle\sum_{k=1}^{n}\dfrac{1}{\sqrt{k+2}+\sqrt{k+3}}$

(2) $\displaystyle\sum_{k=1}^{n}\left(\sqrt{k+2}-\sqrt{k}\right)$

□*58　次の和 S を求めよ。

(1) $S=1+2\cdot3+3\cdot3^2+\cdots\cdots+n\cdot3^{n-1}$

(2) $S=1+\dfrac{2}{3}+\dfrac{3}{3^2}+\dfrac{4}{3^3}+\cdots\cdots+\dfrac{n}{3^{n-1}}$

(3) $S=1+4x+7x^2+10x^3+\cdots\cdots+(3n-2)x^{n-1}$

群数列 (1)

例題 5

初項 1，公差 3 の等差数列を，次のように 1 個，2 個，3 個，…… と群に分ける。
$$\{1\}, \{4, 7\}, \{10, 13, 16\}, \{19, \cdots\cdots\}, \cdots\cdots$$
(1) 第 n 群の最初の数を求めよ。
(2) 148 は第何群の何番目の数か。

指針 **群数列 (1)** { } をはずした数列の性質，第 n 群の初項や末項，項数に注目。

解答 (1) もとの等差数列の第 n 項は　　$1+(n-1)\cdot3=3n-2$

$n\geqq2$ のとき，第 1 群から第 $(n-1)$ 群までに含まれる数の個数は

$$1+2+3+\cdots\cdots+(n-1)=\frac{1}{2}n(n-1)$$

求める数は，もとの等差数列の第 $\left\{\dfrac{1}{2}n(n-1)+1\right\}$ 項であるから

$$3\left\{\frac{1}{2}n(n-1)+1\right\}-2=\frac{1}{2}(3n^2-3n+2)$$

これは，$n=1$ のときにも成り立つ。　**答** $\dfrac{1}{2}(3n^2-3n+2)$

(2) (1)で求めた数を a_n とする。
148 が第 n 群に含まれるとすると　　$a_n\leqq148<a_{n+1}$ …… ①
$$a_{10}=\frac{1}{2}(3\cdot10^2-3\cdot10+2)=136, \quad a_{11}=\frac{1}{2}(3\cdot11^2-3\cdot11+2)=166$$
よって，① を満たす自然数 n は　　$n=10$
ゆえに，148 は第 10 群に含まれる。
第 10 群に含まれる数を，小さい方から順に書き出すと
$$136, 139, 142, 145, 148, \cdots\cdots$$
したがって，148 は **第 10 群の 5 番目** の数である。　**答**

B

59 自然数の列を次のような群に分けるとき
$$\{1\}, \{2, 3\}, \{4, 5, 6\}, \{7, 8, 9, 10\}, \{11, \cdots\cdots\}, \cdots\cdots$$
(1) 第 n 群の最初の数を求めよ。　　(2) 第 n 群の数の和を求めよ。

*60 奇数の列を，次のように 1 個，2 個，4 個，8 個，…… と群に分ける。
$$\{1\}, \{3, 5\}, \{7, 9, 11, 13\}, \{15, 17, \cdots\cdots, 29\}, \cdots\cdots$$
(1) 第 n 群の最初の奇数を求めよ。　　(2) 第 n 群の奇数の和を求めよ。
(3) 第 8 群の 3 番目の数を求めよ。　　(4) 77 は第何群の何番目の数か。

■ 群数列 (2)

例題 **6**

右の図のように，自然数 1, 2, 3, 4, ……
が並んでいる。次のものを求めよ。

(1)　1 行目の数列 1, 2, 5, 10, …… の
　　一般項

(2)　上から 10 行目，左から 10 列目の数

(3)　数 55 の位置 (上から何行目左から何列目)

1	2	5	10	・
4	3	6	11	・
9	8	7	12	・
16	15	14	13	・
・	・	・	・	

指針 **群数列 (2)**　群数列を平面に並べたもの。1 行目の数列または 1 列目の数列を基準に
考えるとわかりやすい。

解答

(1)　右の図のように群に分けて考えると，1 行目の左から
n 列目の数は，第 n 群の初項である。

$n \geqq 2$ のとき，第 $(n-1)$ 群の末項は　　$(n-1)^2$
　　　　　　　　　第 n 群の初項は　　$(n-1)^2+1$
これは，$n=1$ のときにも成り立つ。
よって，求める一般項は
$$(n-1)^2+1 = n^2-2n+2$$ **答**

1	2	5	10	・
4	3	6	11	・
9	8	7	12	・
16	15	14	13	・
・	・	・	・	

(2)　求める数は，第 10 群の 10 番目であるから，(1) より
$$(10-1)^2+10 = 91$$ **答**

(3)　数 55 が第 n 群に含まれるとすると　　$(n-1)^2 < 55 \leqq n^2$　…… ①
$7^2 < 55 \leqq 8^2$ から，① を満たす自然数 n は　　$n=8$
第 8 群の初項は 50 であるから，55 は第 8 群の 6 番目である。
よって，55 の位置は　　**上から 6 行目，左から 8 列目**　**答**

参考　(2)　対角線の数列 1, 3, 7, 13, …… を考えてもよい。

■ B ■

□ *61　奇数を右の図のように並べて，上から第 m 行，左か
ら第 n 列にある数を $a_{m,n}$ で表す。

(1)　$a_{m,1}$, $a_{1,n}$ を求めよ。

(2)　$a_{10,8}$, $a_{8,10}$ を求めよ。

(3)　$a_{m,n} = 105$ となる m, n の値を求めよ。

(4)　$a_{m,n}$ を m, n を用いて表せ。

1	3	9	19	33
7	5	11	21	35
17	15	13	23	37
31	29	27	25	39
49	47	45	43	41

□ 62　数列 $\dfrac{1}{2}$, $\dfrac{1}{3}$, $\dfrac{2}{3}$, $\dfrac{1}{4}$, $\dfrac{2}{4}$, $\dfrac{3}{4}$, $\dfrac{1}{5}$, $\dfrac{2}{5}$, $\dfrac{3}{5}$, $\dfrac{4}{5}$, $\dfrac{1}{6}$, $\dfrac{2}{6}$, …… において，初
項から第 800 項までの和を求めよ。

ヒント **62** 分母が同じ分数が群となるように分ける。

6 漸化式と数列

1 漸化式と一般項

① $a_{n+1}=a_n+d$ $\longrightarrow$ 公差 d の等差数列

② $a_{n+1}=ra_n$ $\longrightarrow$ 公比 r の等比数列

③ $a_{n+1}=a_n+f(n)$ $\longrightarrow$ 数列 $\{a_n\}$ の階差数列が $\{f(n)\}$

$n\geqq 2$ のとき $a_n=a_1+\sum\limits_{k=1}^{n-1}f(k)$

④ $a_{n+1}=pa_n+q$ $(p\neq 0,\ p\neq 1)$ $\longrightarrow$ $a_{n+1}-c=p(a_n-c)$ と変形。

数列 $\{a_n-c\}$ は初項 a_1-c, 公比 p の等比数列。(c は $c=pc+q$ を満たす数)

注意 特に断らない限り, 漸化式は $n=1,\ 2,\ 3,\ \cdots$ で成り立つものとする。

■■ A ■■

63 次の条件によって定められる数列 $\{a_n\}$ の第2項から第5項を求めよ。

(1) $a_1=2,\ a_{n+1}=2a_n+5$ 　　　　(2) $a_1=-1,\ a_{n+1}=a_n+n$

*64 次の条件によって定められる数列 $\{a_n\}$ の一般項を求めよ。

(1) $a_1=3,\ a_{n+1}-a_n=2$ 　　　　(2) $a_1=1,\ a_{n+1}=-5a_n$

*65 次の条件によって定められる数列 $\{a_n\}$ の一般項を求めよ。

(1) $a_1=1,\ a_{n+1}-a_n=4n$ 　　　　(2) $a_1=1,\ a_{n+1}-a_n=4^n$

66 条件 $a_1=1,\ a_{n+1}=2a_n-3$ によって定められる数列 $\{a_n\}$ の一般項を, [1], [2] の方法で求めよ。

[1] $a_{n+1}-3=2(a_n-3)$ を導き, $\{a_n-3\}$ が等比数列であることを利用する。

[2] $a_{n+2}-a_{n+1}=2(a_{n+1}-a_n)$ を導き, $\{a_n\}$ の階差数列が等比数列であることを利用する。

*67 次の条件によって定められる数列 $\{a_n\}$ の一般項を求めよ。

(1) $a_1=2,\ a_{n+1}=3a_n-2$ 　　　　(2) $a_1=1,\ a_{n+1}=\dfrac{1}{3}a_n+2$

■Aの■ まとめ 68 次の条件によって定められる数列 $\{a_n\}$ の一般項を求めよ。

(1) $a_1=1,\ a_{n+1}=4a_n$

(2) $a_1=2,\ a_{n+1}=a_n-n$

(3) $a_1=1,\ a_{n+1}=4a_n+3$

第1章 数列

■漸化式（おき換え）

例題 7 次の条件によって定められる数列 $\{a_n\}$ の一般項を求めよ。
(1) $a_1=1,\ a_{n+1}=2a_n+n-1$　　(2) $a_1=4,\ a_{n+1}=6a_n+2^{n+2}$

指針 漸化式 $a_{n+1}=pa_n+f(n)$　適当なおき換えをして，既知の形の漸化式に帰着。
(1) 階差数列を考える。
(2) 漸化式の両辺を 2^{n+1} で割る。

解答 (1) $a_{n+2}-a_{n+1}=\{2a_{n+1}+(n+1)-1\}-(2a_n+n-1)=2(a_{n+1}-a_n)+1$
$b_n=a_{n+1}-a_n$ とおくと　　$b_{n+1}=2b_n+1,\ b_1=a_2-a_1=2a_1-a_1=a_1=1$
よって　　$b_{n+1}+1=2(b_n+1),\ b_1+1=2$
ゆえに　　$b_n+1=2^n$　すなわち　$b_n=2^n-1$
よって，$n\geqq2$ のとき

$$a_n=a_1+\sum_{k=1}^{n-1}(2^k-1)=1+\frac{2(2^{n-1}-1)}{2-1}-(n-1)$$
$$=2^n-n \quad\cdots\cdots\text{①}$$

①で $n=1$ とすると $a_1=1$ が得られるから，① は $n=1$ のときにも成り立つ。
したがって　　$\boldsymbol{a_n=2^n-n}$　**答**

(2) 漸化式の両辺を 2^{n+1} で割ると　　$\dfrac{a_{n+1}}{2^{n+1}}=3\cdot\dfrac{a_n}{2^n}+2$

$b_n=\dfrac{a_n}{2^n}$ とおくと　　$b_{n+1}=3b_n+2,\ b_1=2$
よって　　$b_{n+1}+1=3(b_n+1),\ b_1+1=3$
ゆえに　　$b_n+1=3^n$　すなわち　$b_n=3^n-1$
したがって　　$\boldsymbol{a_n=2^n\cdot b_n=2^n(3^n-1)=6^n-2^n}$　**答**

B

□*69 次の条件によって定められる数列 $\{a_n\}$ の一般項を，[　] で示したおき換えを利用することにより求めよ。
(1) $a_1=1,\ a_{n+1}=3a_n+4n$　　　$[b_n=a_{n+1}-a_n]$
(2) $a_1=2,\ a_{n+1}=2a_n+2^{n+1}$　　　$\left[b_n=\dfrac{a_n}{2^n}\right]$
(3) $a_1=2,\ na_{n+1}=(n+1)a_n+1$　　$\left[b_n=\dfrac{a_n}{n}\right]$

□70 次の条件によって定められる数列 $\{a_n\}$ の一般項を求めよ。
(1) $\dfrac{1}{a_{n+1}}=\dfrac{2}{a_n}+3,\ a_1=1$　　　　*(2) $a_{n+1}=\dfrac{3a_n}{a_n+3},\ a_1=1$

ヒント 70 (2) $a_1>0$ から $a_2>0,\ a_3>0,\ \cdots\cdots$　よって，$a_n\neq0$　逆数をとって考える。

漸化式の応用

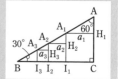

例題 8

$A=60°$, $B=30°$, $AC=1$ である直角三角形 ABC 内に，右の図のように，1辺の長さが a_1, a_2, a_3, …… の正方形が並んでいる。

(1) a_1, a_2 の値を求めよ。

(2) 右の図の △$A_1A_2H_2$ と △ABC が相似であることに着目して，一般に a_n, a_{n+1} の間に成り立つ関係式を導け。

(3) a_n の値を n を用いて表せ。

指針 **漸化式の応用問題** a_n, a_{n+1} の間で成り立つ関係式を導く。
ここでは，△ABC と △$A_kA_{k+1}H_{k+1}$ に着目するとよい。

解答 (1) △ABC∽△AA_1H_1 から $AC:AH_1=BC:A_1H_1$

よって $1:(1-a_1)=\sqrt{3}:a_1$ ゆえに $a_1=\dfrac{3-\sqrt{3}}{2}$ 答

同様に，△ABC∽△$A_1A_2H_2$ から $1:(a_1-a_2)=\sqrt{3}:a_2$

$a_1=\dfrac{3-\sqrt{3}}{2}$ から $a_2=\dfrac{6-3\sqrt{3}}{2}$ 答

(2) △ABC∽△$A_nA_{n+1}H_{n+1}$ から $1:(a_n-a_{n+1})=\sqrt{3}:a_{n+1}$

よって $a_{n+1}=\dfrac{3-\sqrt{3}}{2}a_n$ 答

(3) (1), (2) より，数列 $\{a_n\}$ は初項 $a_1=\dfrac{3-\sqrt{3}}{2}$，公比 $\dfrac{3-\sqrt{3}}{2}$ の等比数列であるから $a_n=\dfrac{3-\sqrt{3}}{2}\cdot\left(\dfrac{3-\sqrt{3}}{2}\right)^{n-1}=\left(\dfrac{3-\sqrt{3}}{2}\right)^n$ 答

*71 図のように，1辺の長さ1の正方形の各辺を $2:1$ に内分する4点を結んでできる正方形の面積を S_1 とする。同様に，新しくできた正方形の各辺を $2:1$ に内分する4点を結んでできる正方形の面積を S_2 とする。以下同様に，この操作を n 回行った後にできる正方形の面積を S_n とする。

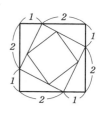

(1) S_n を n の式で表せ。 (2) $\sum\limits_{k=1}^{n} S_k$ を求めよ。

72 平面上に n 個の円があって，それらのどの2つも異なる2点で交わり，また，どの3つも1点で交わらないとする。これらの n 個の円が平面を a_n 個の部分に分けるとき，a_n を n の式で表せ。

■ 漸化式（隣接3項間）

例題 9 ◆　次の条件によって定められる数列 $\{a_n\}$ の一般項を求めよ。
$$a_1=1,\ a_2=2,\ 2a_{n+2}-3a_{n+1}+a_n=0$$

指針　隣接3項間の漸化式 $pa_{n+2}+qa_{n+1}+ra_n=0$
　　　$px^2+qx+r=0$ の2つの解を α, β とすると　$a_{n+2}-\alpha a_{n+1}=\beta(a_{n+1}-\alpha a_n)$

解答　$2a_{n+2}-3a_{n+1}+a_n=0$ を変形すると　　$a_{n+2}-a_{n+1}=\dfrac{1}{2}(a_{n+1}-a_n)$

　　$b_n=a_{n+1}-a_n$ とおくと，数列 $\{b_n\}$ は初項 $b_1=a_2-a_1=1$，公比 $\dfrac{1}{2}$ の等比数列。

　　よって，$n\geqq2$ のとき　　$a_n=a_1+\displaystyle\sum_{k=1}^{n-1}b_k=1+\sum_{k=1}^{n-1}\left(\dfrac{1}{2}\right)^{k-1}=3-2\left(\dfrac{1}{2}\right)^{n-1}$

　　これは $n=1$ のときにも成り立つから　　$\boldsymbol{a_n=3-2\left(\dfrac{1}{2}\right)^{n-1}}$　**答**

別解　$2a_{n+2}-3a_{n+1}+a_n=0$ を変形すると　　$a_{n+2}-\dfrac{1}{2}a_{n+1}=a_{n+1}-\dfrac{1}{2}a_n$

　　よって　　$a_{n+1}-\dfrac{1}{2}a_n=a_n-\dfrac{1}{2}a_{n-1}=\cdots\cdots=a_2-\dfrac{1}{2}a_1=\dfrac{3}{2}$

　　$a_{n+1}-\dfrac{1}{2}a_n=\dfrac{3}{2}$ を変形すると　　$a_{n+1}-3=\dfrac{1}{2}(a_n-3)$，$a_1-3=-2$

　　$a_n-3=-2\left(\dfrac{1}{2}\right)^{n-1}$ から　　$\boldsymbol{a_n=3-2\left(\dfrac{1}{2}\right)^{n-1}}$　**答**

別解　$2a_{n+2}-3a_{n+1}+a_n=0$ を変形すると
　　　　　$a_{n+2}-a_{n+1}=\dfrac{1}{2}(a_{n+1}-a_n)$，$a_{n+2}-\dfrac{1}{2}a_{n+1}=a_{n+1}-\dfrac{1}{2}a_n$

　　よって　　$a_{n+1}-a_n=\left(\dfrac{1}{2}\right)^{n-1}$　……①，　$a_{n+1}-\dfrac{1}{2}a_n=\dfrac{3}{2}$　……②

　　①，②から，a_{n+1} を消去すると　　$\boldsymbol{a_n=3-2\left(\dfrac{1}{2}\right)^{n-1}}$　**答**

B

☐*73　数列 $\{a_n\}$ の初項から第 n 項までの和 S_n が $S_n=2a_n-n$ であるとき，数列 $\{a_n\}$ の一般項を求めよ。

発展

☐ 74◆　次の条件によって定められる数列 $\{a_n\}$ の一般項を求めよ。

　　(1)　$a_1=0$, $a_2=2$, $a_{n+2}+3a_{n+1}-4a_n=0$

　　(2)　$a_1=1$, $a_2=4$, $a_{n+2}-5a_{n+1}+4a_n=0$

　　(3)　$a_1=1$, $a_2=5$, $a_{n+2}-5a_{n+1}+6a_n=0$

　　(4)　$a_1=2$, $a_2=3$, $a_{n+2}-6a_{n+1}+9a_n=0$

2つの数列の漸化式

例題 10◆

条件 $a_1=1$, $b_1=1$, $a_{n+1}=a_n+b_n$, $b_{n+1}=8a_n+3b_n$ によって定められる数列 $\{a_n\}$, $\{b_n\}$ がある。

(1) 数列 $\{2a_n+b_n\}$, $\{4a_n-b_n\}$ の一般項を求めよ。

(2) (1)の結果を用いて，数列 $\{a_n\}$, $\{b_n\}$ の一般項を求めよ。

指針 連立漸化式 ① 2つの数列から $a_{n+1}+\alpha b_{n+1}=\beta(a_n+\alpha b_n)$ の形を導く。

② 一方の数列を消去して，1つの数列で表す。

ここでは，$b_n=a_{n+1}-a_n$ を $b_{n+1}=8a_n+3b_n$ に代入する。

解答 (1) $2a_{n+1}+b_{n+1}=2(a_n+b_n)+(8a_n+3b_n)=5(2a_n+b_n)$

よって，数列 $\{2a_n+b_n\}$ は初項 $2a_1+b_1=3$，公比 5 の等比数列であるから

$$2a_n+b_n=3\cdot5^{n-1} \quad \boxed{答}$$

同様に，$4a_{n+1}-b_{n+1}=4(a_n+b_n)-(8a_n+3b_n)=-(4a_n-b_n)$ から

$$4a_n-b_n=3\cdot(-1)^{n-1} \quad \boxed{答}$$

(2) (1)から，2つの数列の辺々を加えると $6a_n=3\{5^{n-1}+(-1)^{n-1}\}$

よって $a_n=\dfrac{1}{2}\{5^{n-1}+(-1)^{n-1}\}$ $\boxed{答}$

また $b_n=4a_n-3\cdot(-1)^{n-1}=2\{5^{n-1}+(-1)^{n-1}\}-3\cdot(-1)^{n-1}$
$$=2\cdot5^{n-1}-(-1)^{n-1} \quad \boxed{答}$$

別解 $a_{n+1}=a_n+b_n$ から $b_n=a_{n+1}-a_n$ これを $b_{n+1}=8a_n+3b_n$ に代入すると
$a_{n+2}-a_{n+1}=8a_n+3(a_{n+1}-a_n)$ よって $a_{n+2}-4a_{n+1}-5a_n=0$ (以下略)

参考 **数列 $\{2a_n+b_n\}$, $\{4a_n-b_n\}$ の見つけ方**

$a_{n+1}+\alpha b_{n+1}=\beta(a_n+\alpha b_n)$ を考える。

a_{n+1}, b_{n+1} を左辺に代入して係数を比較。α, β を解く。

B

※ **75** は数学Ⅱの「指数関数と対数関数」を学んでから取り組んでほしい。

75 次の条件によって定められる数列 $\{a_n\}$ の一般項を求めよ。

(1) $a_1=10$, $a_{n+1}=(a_n)^3$ (2) $a_1=2$, $a_{n+1}=\sqrt{a_n}$

発展

76◆ 条件 $a_1=2$, $b_1=6$, $a_{n+1}=2a_n+b_n$, $b_{n+1}=3a_n+4b_n$ によって定められる数列 $\{a_n\}$, $\{b_n\}$ がある。

(1) 数列 $\{a_n+b_n\}$, $\{3a_n-b_n\}$ の一般項を求めよ。

(2) (1)の結果を用いて，数列 $\{a_n\}$, $\{b_n\}$ の一般項を求めよ。

注文 部

教科書傍用
スタンダード数学B

注文

数研出版

定価
473円
税10%

注文カ

ISBN978-4-410-20947-5
C7037 ¥430E

9784410209475

ト カー

…ト カ ー

7　数学的帰納法

数学的帰納法

自然数 n に関する事柄 P が，すべての自然数 n について成り立つことを数学的帰納法で証明するには，次の 2 つのことを示す。

[1]　$n=1$ のとき P が成り立つ。

[2]　$n=k$（k は自然数）のとき P が成り立つと仮定すると，

　　$n=k+1$ のときにも P が成り立つ。

注意　ある特定の自然数 m 以上のすべての自然数 n について，P が成り立つことを証明するには，[1] で $n=m$，[2] で $k \geqq m$ とすればよい。

☐ **77**　n は自然数とする。数学的帰納法によって，次の等式を証明せよ。

*(1)　$1+4+7+\cdots\cdots+(3n-2)=\dfrac{1}{2}n(3n-1)$

(2)　$1+10+10^2+\cdots\cdots+10^n=\dfrac{1}{9}(10^{n+1}-1)$

☐ ■**A の**■ **78**　n は自然数とする。数学的帰納法によって，次の等式を証明せよ。
　まとめ

$$1\cdot3+2\cdot5+3\cdot7+\cdots\cdots+n(2n+1)=\dfrac{1}{6}n(n+1)(4n+5)$$

☐ **79**　n は自然数とする。数学的帰納法によって，次の不等式を証明せよ。

*(1)　$3^{n+2}>10n+12$　　　　　　　　　(2)　$x<1$ のとき　$(1-x)^n \geqq 1-nx$

☐ **80**　n は自然数とする。数学的帰納法によって，次の等式を証明せよ。

$$(n+1)(n+2)(n+3)\cdots\cdots 2n=2^n\cdot1\cdot3\cdot5\cdots\cdots(2n-1)$$

☐*81　連続した 3 つの自然数の 3 乗の和は 9 で割り切れることを，数学的帰納法によって証明せよ。

☐*82　n は自然数とする。$3^{n+1}+4^{2n-1}$ は 13 で割り切れることを，数学的帰納法によって証明せよ。

☐ **83**　条件 $a_1=-1$，$a_{n+1}={a_n}^2+2na_n-2$ によって定められる数列 $\{a_n\}$ がある。

(1)　a_2，a_3，a_4 を求めよ。

(2)　一般項 a_n を推測し，その結果を数学的帰納法によって証明せよ。

$n \geqq m$ のときの数学的帰納法（大小比較）

例題 11

n が自然数のとき，2^n と $3n+1$ の大小を比較せよ。

指針 **大小比較と数学的帰納法** $n=1, 2, 3, \cdots\cdots$ として推測し，その推測が正しいことを数学的帰納法によって証明する。

解答 $n=1, 2, 3, 4, 5, \cdots\cdots$ のとき，2^n と
$3n+1$ の値は右の表のようになる。
よって，$n \geqq 4$ のとき
$$2^n > 3n+1 \quad \cdots\cdots ①$$
と推測される。

n	1	2	3	4	5	$\cdots$
2^n	2	4	8	16	32	$\cdots$
$3n+1$	4	7	10	13	16	$\cdots$

この推測が正しいことを，数学的帰納法によって証明する。
[1] $n=4$ のとき，① は成り立つ。
[2] $k \geqq 4$ として，$n=k$ のとき，$2^k > 3k+1$ が成り立つと仮定する。
$n=k+1$ のとき
$$2^{k+1} - \{3(k+1)+1\} > 2(3k+1) - \{3(k+1)+1\} = 3k-2$$
$k \geqq 4$ であるから　$3k-2>0$　すなわち　$2^{k+1} > 3(k+1)+1$
よって，$n=k+1$ のときにも，① は成り立つ。
[1]，[2] から，$n \geqq 4$ であるすべての自然数 n について，① は成り立つ。
答 $n=1, 2, 3$ のとき $2^n < 3n+1$；　$n \geqq 4$ のとき $2^n > 3n+1$

■■■ B ■■■

□ *84　n が自然数のとき，3^n と $5n+1$ の大小を比較せよ。

□ 85　n が 2 以上の自然数のとき，$x^n - nx + n - 1$ は $(x-1)^2$ で割り切れることを，数学的帰納法によって証明せよ。

□ *86　n, a, b が自然数のとき，$(1+\sqrt{2})^n = a + b\sqrt{2}$ と表されることを，数学的帰納法によって証明せよ。

■■■ 発展 ■■■

□ 87　n は自然数とする。2 数 x, y の和，積がともに整数のとき，$x^n + y^n$ は整数であることを，数学的帰納法によって証明せよ。

ヒント 87　$x^{k+1} + y^{k+1} = (x^k + y^k)(x+y) - xy(x^{k-1} + y^{k-1})$ であるから，段階 [2] の証明で，$n=k$，$k-1$ の場合の仮定が必要。段階 [1] では，$n=1, 2$ の場合を証明しておく。

■余りによる整数の分類

例題 12 整数 n を，3 で割った余りで分類することで，n^3-n+9 が 3 の倍数であることを証明せよ。

指針 **余りによる整数の分類** 一般に，正の整数 m が与えられると，すべての整数 n は
$$mk,\ mk+1,\ mk+2,\ \cdots\cdots,\ mk+(m-1)\quad (k \text{ は整数})$$
のいずれかの形に表される。

解答 整数を 3 で割ったときの余りは，0，1，2 のいずれかである。
よって，すべての整数は，整数 k を用いて
$$3k,\ 3k+1,\ 3k+2$$
のいずれかの形に表される。

[1] $n=3k$ のとき
$$n^3-n+9=(3k)^3-3k+9=3(9k^3-k+3)$$

[2] $n=3k+1$ のとき
$$n^3-n+9=(3k+1)^3-(3k+1)+9$$
$$=3(9k^3+9k^2+2k+3)$$

[3] $n=3k+2$ のとき
$$n^3-n+9=(3k+2)^3-(3k+2)+9$$
$$=3(9k^3+18k^2+11k+5)$$

よって，いずれの場合も，n^3-n+9 は 3 の倍数である。　終

B

☑ **88** 整数 n を，2 で割った余りで分類することで，$3n^2-n$ が 2 の倍数であることを証明せよ。

☑ **89** n は整数とする。
(1) 連続する 2 個の整数には，必ず 2 の倍数が含まれることを利用して，n^2+3n が 2 の倍数であることを証明せよ。
(2) 連続する 3 個の整数には，必ず 3 の倍数が含まれることを利用して，$4n^3+3n^2+2n$ が 3 の倍数であることを証明せよ。

☑ **90** n は自然数とする。$6^n+4=(5+1)^n+4$ と変形することで，6^n+4 が 5 の倍数であることを，二項定理を利用して証明せよ。

8 第1章 演習問題

等差数列と等比数列の和の数列

例題 13 初項が 1 である等差数列 $\{a_n\}$ と，初項が 2 である等比数列 $\{b_n\}$ がある。$c_n=a_n+b_n$ とおくとき，$c_2=10$，$c_3=25$，$c_4=64$ である。数列 $\{c_n\}$ の一般項を求めよ。

指針 **等差数列と等比数列** 条件から公差 d，公比 r についての 3 つの方程式が得られる。2 つの方程式から d，r が求められるが，それらが第 3 の方程式を満たすかどうかも調べる。

解答 等差数列 $\{a_n\}$ の公差を d，等比数列 $\{b_n\}$ の公比を r とする。
$a_n=1+(n-1)d$，$b_n=2r^{n-1}$ であるから　$c_n=1+(n-1)d+2r^{n-1}$
$c_2=10$ であるから　$1+d+2r=10$ …… ①
$c_3=25$ であるから　$1+2d+2r^2=25$ …… ②
$c_4=64$ であるから　$1+3d+2r^3=64$ …… ③
① から　$d=9-2r$　これを ② に代入して　$1+2(9-2r)+2r^2=25$
整理すると　$r^2-2r-3=0$　これを解いて　$r=-1,\ 3$
$r=-1$ のとき　$d=11$　このとき，③ の左辺は 32 となり，適さない。
$r=3$ のとき　$d=3$　このとき，③ の左辺は 64 となり，適する。
よって，条件を満たす d，r は　$d=3$，$r=3$
したがって　$c_n=1+3(n-1)+2\cdot3^{n-1}=2\cdot3^{n-1}+3n-2$　**答**

■■■ B ■■■

91 初項，公差，項数 n が与えられた等差数列の初項から第 n 項までの和を求める問題で，A さんは誤って公差の符号を逆にして計算したため，求めた和は正しい答えの $-\dfrac{4}{5}$ 倍となった。また，B さんは誤って初項と公差を逆にして計算したため，求めた和は正しい答えの $\dfrac{3}{5}$ 倍となった。このとき，問題で与えられた等差数列の項数 n を求めよ。ただし，公差は 0 でないとする。

92 数列 1，11，111，1111，…… の一般項 a_n と，初項から第 n 項までの和 S_n を求めよ。

93 等差数列 $\{a_n\}$ と，公比が整数である等比数列 $\{b_n\}$ があり，$c_n=\dfrac{a_n}{b_n}$ $(b_n\neq0)$ とおくとき，$c_1=2$，$c_2=1$，$c_3=\dfrac{4}{9}$ である。

(1) 等比数列 $\{b_n\}$ の公比 r の値を求めよ。　(2) c_n を n の式で表せ。

2つの等差数列の共通項

例題 14

$a_n=11+5(n-1)$, $b_n=7+3(n-1)$ で定められる2つの等差数列 $\{a_n\}$, $\{b_n\}$ に共通に含まれる数を，順に並べてできる数列 $\{c_n\}$ はどんな数列か。

指針 2つの等差数列の共通項　最初のいくつかの項から類推して考える。2つの数列の公差の最小公倍数を公差とする等差数列を考える。

解答 数列 $\{a_n\}$, $\{b_n\}$ の項を書き出すと

$\{a_n\}$：11, <u>16,</u> 21, 26, <u>31,</u> 36, 41, <u>46,</u> ……

$\{b_n\}$：7, 10, 13, <u>16,</u> 19, 22, 25, 28, <u>31,</u> 34, 37, 40, 43, <u>46,</u> ……

よって　　$\{c_n\}$：16, 31, 46, ……

数列 $\{a_n\}$ の公差は5，数列 $\{b_n\}$ の公差は3であるから，数列 $\{c_n\}$ の公差は5と3の最小公倍数15となる。

ゆえに，数列 $\{c_n\}$ は **初項16，公差15の等差数列** である。 **答**

参考 数列 $\{a_n\}$ の第 k 項と数列 $\{b_n\}$ の第 l 項が等しいとすると

$$11+5(k-1)=7+3(l-1) \qquad よって \qquad 3l-5k=2$$

これは $3(l+1)=5(k+1)$ と表されるから

$$k=3m-1,\ l=5m-1 \quad (m=1, 2, 3, ……)$$

よって，共通項は数列 $\{a_n\}$ の第 $(3m-1)$ 項，数列 $\{b_n\}$ の第 $(5m-1)$ 項で

$$a_{3m-1}=11+5(3m-1-1)=16+15(m-1) \quad (m=1, 2, 3, ……)$$

発展

94 表の出る確率が $\dfrac{1}{3}$ である硬貨を投げて，表が出たら点数を1点増やし，裏が出たら点数はそのままとするゲームを0点から始めた。硬貨を n 回投げたときの点数が偶数である確率 p_n を求めよ。ただし，0は偶数とする。

95　　　等差数列 $\{a_n\}$：1, 4, 7, 10, ……, 1000

　　　等差数列 $\{b_n\}$：11, 21, 31, 41, ……, 1001

(1) 数列 $\{a_n\}$, $\{b_n\}$ に共通に含まれる数はどんな数列を作るか。

(2) 数列 $\{a_n\}$, $\{b_n\}$ に共通に含まれる数の和を計算せよ。

96 数列 $\{a_n\}$（ただし，$a_i>0$ [$1\leqq i\leqq n$]）について，関係式

$$(a_1+a_2+……+a_n)^2=a_1{}^3+a_2{}^3+……+a_n{}^3$$

が成り立つ。一般項 a_n を推測し，その推測が正しいことを証明せよ。

ヒント 94 p_n と p_{n+1} の関係式から p_n を求める。

96 推測が正しいことの証明は数学的帰納法による。[2] $n\leqq k$（k は自然数）のとき成り立つことを仮定して，$n=k+1$ のとき成り立つことを示す。

第2章 統計的な推測

9 確率変数と確率分布

1 確率変数と確率分布

① **確率変数** 試行の結果によって値が定まり，その値に対応して確率が定まるような変数。

② **確率分布** 確率変数Xのとりうる値 x_k に対して，それが起こる確率 $P(X=x_k)$ の対応関係。ただし $k=1, 2, \cdots\cdots, n$

X	x_1	x_2	$\cdots\cdots$	x_n	計
P	p_1	p_2	$\cdots\cdots$	p_n	1

$p_k=P(X=x_k)$

なお，$p_1\geqq0$, $p_2\geqq0$, $\cdots\cdots$, $p_n\geqq0$；$p_1+p_2+\cdots\cdots+p_n=1$ である。

■■A■■

☑ **97** 2個のさいころを同時に投げて，出る目の小さくない方をXとするとき，確率変数Xの確率分布を求めよ。

☑*98 3枚の硬貨を同時に投げるとき，表の出る枚数をXとする。
(1) 確率変数Xの確率分布を求めよ。
(2) $P(2\leqq X\leqq3)$ を求めよ。

☑ ■Aの■ **99** 1000本のくじの中に，賞金10000円，5000円，1000円，500円の
まとめ 当たりがそれぞれ1本，10本，30本，100本ある。このくじを1本引くときに得る賞金をX円とする。
(1) 確率変数Xの確率分布を求めよ。
(2) $P(X\geqq1000)$ を求めよ。

■■B■■

☑*100 白玉4個と赤玉2個が入った袋の中から1個の玉を3回続けて取り出す。取り出した玉はもとに戻さないとき，赤玉の出た回数Xの確率分布を求めよ。

☑ **101** 1個のさいころを3回投げるとき，出た目の最大値をXとする。
(1) 確率変数Xの確率分布を求めよ。
(2) $P(3\leqq X\leqq5)$ を求めよ。

10 確率変数の期待値と分散

1 期待値，分散，標準偏差

確率変数Xが右の確率分布に従うとする。

ただし　$p_1 \geqq 0,\ p_2 \geqq 0,\ \cdots\cdots,\ p_n \geqq 0$；

$\qquad\quad p_1 + p_2 + \cdots\cdots + p_n = 1$

X	x_1	x_2	$\cdots\cdots$	x_n	計
P	p_1	p_2	$\cdots\cdots$	p_n	1

① **期待値**　$m = E(X)$

　　(平均)　　$= x_1 p_1 + x_2 p_2 + \cdots\cdots + x_n p_n$

$\qquad\qquad = \displaystyle\sum_{k=1}^{n} x_k p_k$

② **分　散**　$V(X) = E((X-m)^2)$

$\qquad\qquad\quad = (x_1 - m)^2 p_1 + (x_2 - m)^2 p_2 + \cdots\cdots + (x_n - m)^2 p_n$

$\qquad\qquad\quad = \displaystyle\sum_{k=1}^{n} (x_k - m)^2 p_k$

$\qquad\qquad\quad = E(X^2) - \{E(X)\}^2$

③ **標準偏差**　$\sigma(X) = \sqrt{V(X)}$

$\qquad\qquad\qquad\ = \sqrt{E(X^2) - \{E(X)\}^2}$

A

☑*102　右の確率分布に従う変数Xについて，次の値を
求めよ。

(1) 期待値

(2) 分散

(3) 標準偏差

X	1	2	3	4	計
P	$\dfrac{1}{3}$	$\dfrac{1}{4}$	$\dfrac{1}{3}$	$\dfrac{1}{12}$	1

☑ 103　1から11までの自然数から任意に1個の数Xを選ぶとき

(1) Xの期待値を求めよ。

(2) Xの分散と標準偏差を求めよ。

☑*104　1個のさいころを3回投げるとき，3の倍数の目が出た回数Xの期待値，分散，標準偏差を求めよ。

☑ 105　2個の不良品が含まれた計20個の品物から4個を取り出すとき，その中に含まれる不良品の個数Xの期待値と分散を求めよ。

☑ **Aの まとめ** 106　白玉2個と赤玉5個が入った袋から2個の玉を同時に取り出すときの白玉の個数をXとする。次の値を求めよ。

(1) $E(X)$　　　　　(2) $V(X)$　　　　　(3) $\sigma(X)$

▮▮期待値と分散（確率分布）

例題 15　1個のさいころを投げるとき，出た目の平方を6で割った余り X の期待値と分散を求めよ。

▮指針▮　**期待値と分散**　まず，確率分布を求める。確率は分母をそろえておくと，期待値と分散の計算がしやすい。

解答　さいころの目の平方

　　　1, 4, 9, 16, 25, 36

を6で割った余りはそれぞれ

　　　1, 4, 3, 4, 1, 0

よって，X の確率分布は右の表のようになる。

X	0	1	3	4	計
P	$\frac{1}{6}$	$\frac{2}{6}$	$\frac{1}{6}$	$\frac{2}{6}$	1

ゆえに，**期待値**　$E(X)=0\cdot\frac{1}{6}+1\cdot\frac{2}{6}+3\cdot\frac{1}{6}+4\cdot\frac{2}{6}$

　　　　　　　　　　$=\dfrac{13}{6}$　**答**

また，**分散**　$V(X)=E(X^2)-\{E(X)\}^2$

　　　　　　　　$=\left(0^2\cdot\dfrac{1}{6}+1^2\cdot\dfrac{2}{6}+3^2\cdot\dfrac{1}{6}+4^2\cdot\dfrac{2}{6}\right)-\left(\dfrac{13}{6}\right)^2$

　　　　　　　　$=\dfrac{89}{36}$　**答**

☐ **107** 数直線上の原点に点Pがある。1個のさいころを投げて，5以上の目が出ると +2 だけ，4以下の目が出ると +1 だけ進む。この試行を3回繰り返すとき，点Pの座標 X の期待値と分散を求めよ。

☐*108 1と書いた札が2枚，2と書いた札が2枚，4と書いた札が1枚ある。この中から2枚の札を取り出し，その札の数字の和を X とするとき，X の期待値と分散を求めよ。

☐ **109** 右の確率分布に従う変数 X について，X の期待値が $\dfrac{16}{5}$ であるとき，p, q の値を求めよ。

X	1	2	3	4	5	計
P	p	q	p	p	q	1

☐*110 0, 1, 2のいずれかの値をとる確率変数 X の期待値が1，分散が $\dfrac{1}{2}$ であるとき，X の確率分布を求めよ。

11 確率変数の変換

> **1 確率変数の変換**
>
> 確率変数Xと定数a, bに対して $Y=aX+b$ とすると，Yも確率変数となり
> ① **期待値** $E(Y)=E(aX+b)=aE(X)+b$
> ② **分　散** $V(Y)=V(aX+b)=a^2V(X)$
> ③ **標準偏差** $\sigma(Y)=\sigma(aX+b)=|a|\sigma(X)$

☐ **111** 確率変数Xの期待値が -2 で，分散が5であるとする。確率変数Yについて $Y=3X+7$ であるとき，Yの期待値，分散，標準偏差を求めよ。

☐ **112** 1個のさいころを投げて出た目をXとするとき，次の確率変数Yの期待値，分散，標準偏差を求めよ。

(1)　$Y=X+2$　　　　　*(2)　$Y=3X-1$　　　　　(3)　$Y=-X+3$

☐ **113** 確率変数Xの期待値をm，標準偏差をσとするとき，次の確率変数Yの期待値と標準偏差を求めよ。

*(1)　$Y=\dfrac{X-m}{\sigma}$　　　　　　　　(2)　$Y=\dfrac{10(X-m)}{\sigma}+50$

☐ **Aの** **114** 赤玉が3個，白玉が2個入っている袋から，同時に2個の玉を取
まとめ　　　　り出すとき，白玉の個数をXとする。確率変数 $Y=-2X+3$ の期待値，分散，標準偏差を求めよ。

☐*115 期待値5，標準偏差2の確率変数Xから，変換 $Y=aX+b$ によって，期待値0，標準偏差1の確率変数Yをつくりたい。定数a, bの値を求めよ。ただし，$a>0$ とする。

☐ **116** 数直線上の原点に点Pがある。1枚の硬貨を投げて，表が出ると $+3$ だけ，裏が出ると -2 だけ進む。この試行を3回繰り返すときの表の出た回数をX，点Pの座標をYとする。

(1)　YをXで表せ。　　　　　　　　*(2)　Yの期待値と分散を求めよ。

12 確率変数の和と期待値

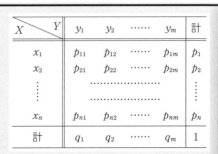

1 同時分布

ある試行の結果により値の定まる
2つの確率変数 X, Y に対し,
$P(X=x_i, Y=y_j)=p_{ij}$ とするとき,
(x_i, y_j) と p_{ij} の対応を X と Y の
同時分布 という。

X＼Y	y_1	y_2	……	y_m	計
x_1	p_{11}	p_{12}	……	p_{1m}	p_1
x_2	p_{21}	p_{22}	……	p_{2m}	p_2
⋮			………………		⋮
x_n	p_{n1}	p_{n2}	……	p_{nm}	p_n
計	q_1	q_2		q_m	1

2 確率変数の和の期待値

X, Y は確率変数, a, b は定数と
する。

① $E(X+Y)=E(X)+E(Y)$

② $E(aX+bY)=aE(X)+bE(Y)$

注意 3つ以上の確率変数でも,上の ① と同様のことが成り立つ。

▮▮A▮▮

☑***117** 2枚の硬貨を同時に投げる試行を2回行う。1回目の試行で表の出る枚数を X,2回目の試行で表の出る枚数を Y とするとき,X と Y の同時分布を求めよ。

☑ ▮Aの▮ **118** 次の硬貨を同時に投げるとき,表の出た硬貨の金額の和の期待値
　まとめ 　　　を求めよ。
　　　　(1) 500円硬貨2枚
　　　　(2) 500円硬貨2枚と100円硬貨1枚
　　　　(3) 500円硬貨2枚と100円硬貨1枚と10円硬貨1枚

▮▮B▮▮

☑ **119** トランプのハート13枚を裏返しにしてよく混ぜてから,まず,Aが3枚抜き,抜いたカードはもとに戻さずに,続けてBが1枚抜くとき,A,Bが抜いた絵札の枚数を,それぞれ X, Y とする。X と Y の同時分布を求めよ。

☑***120** 10本のくじの中に当たりが3本ある。このくじを,引いたくじはもとに戻さずに,A,Bの2人がこの順に1本ずつ引く。2人の当たりくじの合計本数の期待値を求めよ。

13　独立な確率変数と期待値・分散

> **1 確率変数の独立**
>
> 　2つの確率変数 X, Y があって，X のとる任意の値 a と，Y のとる任意の値 b について　$P(X=a, Y=b)=P(X=a)P(Y=b)$　が成り立つとき，確率変数 X と Y は互いに **独立** であるという。
>
> **注意**　3つ以上の確率変数が互いに独立であることも，2つの確率変数と同様に定義される。
>
> **2 独立な確率変数の積の期待値，和の分散**
>
> X, Y は互いに独立な確率変数。
>
> ① **独立な確率変数の積の期待値**　$E(XY)=E(X)E(Y)$
>
> ② **独立な確率変数の和の分散**　a, b は定数とする。
>
> $$V(X+Y)=V(X)+V(Y) \qquad V(aX+bY)=a^2V(X)+b^2V(Y)$$
>
> **注意**　互いに独立な3つ以上の確率変数でも，上の①，②と同様のことが成り立つ。

▌▌A▌▌

☐ **121**　2枚の硬貨と1個のさいころを同時に投げ，硬貨の表の出る枚数を X，さいころの出る目を Y とする。確率変数 X, Y が独立であることを確かめよ。

☐ **122**　次の2つの事象 A, B は独立であるか，従属であるか。

*(1)　ジョーカーを除く1組52枚のトランプから1枚を抜き出すとき

　　　　A：ハートが出る　　　　B：エースが出る

*(2)　1から9までの9個の整数から1個の整数を選ぶとき

　　　　A：奇数を選ぶ　　　　B：5以下を選ぶ

(3)　大小2個のさいころを同時に投げるとき

　　　　A：大きいさいころの目が偶数　　　　B：目の和が偶数

☐*\ **123**　硬貨とさいころを同時に投げるとき，硬貨で表が出たら1，裏が出たら0となる確率変数を X とし，さいころの出た目の数を Y とする。このとき，確率変数 XY の期待値を求めよ。

☐ **124**　確率変数 X の期待値が2で分散が5，確率変数 Y の期待値が -1 で分散が3であるとき，次の確率変数の期待値と分散を求めよ。ただし，X と Y は互いに独立である。

(1)　$X+Y$　　　　　　*(2)　$2X+3Y$　　　　　　(3)　$X-2Y$

☐ **▌Aの▌ まとめ**　**125**　1個のさいころを2回投げるとき，1回目，2回目に出た目をそれぞれ X, Y とする。$2X-Y$ の期待値，分散，標準偏差を求めよ。

■ 期待値と分散 (独立な確率変数の和)

例題 16

袋Aには赤玉2個，白玉3個，袋Bには赤玉3個，白玉2個が入っている。それぞれの袋から2個の玉を同時に取り出すとき，取り出した計4個の中の赤玉の個数をZとする。確率変数Zの期待値と分散を求めよ。

指針 **独立な確率変数の和の期待値，分散** 「袋Aから2個取り出したときの赤玉の個数 X」と「袋Bから2個取り出したときの赤玉の個数 Y」の和がZ。

解答 袋A，Bから2個の玉を同時に取り出したときの赤玉の個数をそれぞれ X，Y とすると，X，Y の確率分布は，右の表のようになる。

X	0	1	2	計
P	$\frac{3}{10}$	$\frac{6}{10}$	$\frac{1}{10}$	1

Y	0	1	2	計
P	$\frac{1}{10}$	$\frac{6}{10}$	$\frac{3}{10}$	1

よって $E(X)=\dfrac{4}{5}$, $E(Y)=\dfrac{6}{5}$

$V(X)=E(X^2)-\{E(X)\}^2$
$=\left(0^2\cdot\dfrac{3}{10}+1^2\cdot\dfrac{6}{10}+2^2\cdot\dfrac{1}{10}\right)-\left(\dfrac{4}{5}\right)^2=\dfrac{9}{25}$

$V(Y)=E(Y^2)-\{E(Y)\}^2$
$=\left(0^2\cdot\dfrac{1}{10}+1^2\cdot\dfrac{6}{10}+2^2\cdot\dfrac{3}{10}\right)-\left(\dfrac{6}{5}\right)^2=\dfrac{9}{25}$

$Z=X+Y$ で，XとYは互いに独立であるから

期待値 $E(Z)=E(X+Y)=E(X)+E(Y)=\dfrac{4}{5}+\dfrac{6}{5}=2$ **答**

分 散 $V(Z)=V(X+Y)=V(X)+V(Y)=\dfrac{9}{25}+\dfrac{9}{25}=\dfrac{18}{25}$ **答**

■■■ B ■■■

☐*126 2つの事象 A, B が独立であって，$P(A)=\dfrac{1}{2}$, $P(B)=\dfrac{1}{3}$ であるとき，次の問いに答えよ。
(1) A, B のうち少なくとも一方が起こる確率を求めよ。
(2) A, B のうちどちらか一方のみが起こる確率を求めよ。

☐ 127 2，4，6の目が2面ずつ書かれた3個のさいころを同時に投げるとき，出る目の積の期待値を求めよ。

☐*128 1つの面には1，2つの面には2，3つの面には3が書かれているさいころを2回投げて，1回目に出た目の数を十の位，2回目に出た目の数を一の位として得られる2桁の数をXとする。
(1) Xの確率分布を求めよ。　　　(2) Xの期待値と分散を求めよ。

ヒント 128 (2) 1回目，2回目に出た目の数を，それぞれ Y, Z とすると $X=10Y+Z$

14 二項分布

1 二項分布

① **二項分布 $B(n, p)$**
$P(X=r)={}_nC_r p^r q^{n-r}$ $(0<p<1, q=1-p)$ で与えられる確率分布。
ただし $r=0, 1, 2, \cdots\cdots, n$

② **平均，分散，標準偏差**
確率変数 X が二項分布 $B(n, p)$ に従うとき
$E(X)=np, V(X)=npq, \sigma(X)=\sqrt{npq}$ $(q=1-p)$

A

☑ **129** 次の二項分布の平均，分散と標準偏差を求めよ。

*(1) $B\left(8, \dfrac{1}{2}\right)$ (2) $B\left(5, \dfrac{1}{4}\right)$ (3) $B\left(12, \dfrac{2}{3}\right)$

☑ **130** 次の確率変数 X の従う二項分布を $B(n, p)$ の形に表せ。
(1) 1個のさいころを5回投げるとき，3の倍数の目が出た回数 X
(2) 1枚の硬貨を8回投げるとき，表が出た回数 X
*(3) 2枚の硬貨を同時に8回投げるとき，2枚とも表が出た回数 X

☑ **131** 1%の割合で不良品が発生する製品の中から200個を取り出したとき，その中に含まれる不良品の個数 X の期待値，分散と標準偏差を求めよ。

☑ **Aの まとめ 132** 針が上を向く確率が $\dfrac{3}{5}$ である画びょうを9回投げるとき，針が上を向く回数 X の期待値，分散と標準偏差を求めよ。

B

☑***133** 白玉3個と赤玉7個が入った袋から1個の玉を取り出してもとに戻す。この試行を10回繰り返すとき，白玉が出る回数 X の期待値と標準偏差を求めよ。

☑***134** 2枚の硬貨を投げて，ともに表が出たら a，その他のときは0をとる確率変数を考える。この試行を10回繰り返したときの確率変数の和 X の期待値と分散を求めよ。

15 正規分布

1 連続型確率変数とその分布

① Xを連続型確率変数，曲線 $y=f(x)$ をXの
分布曲線とするとき，確率密度関数 $f(x)$ には，
次の性質がある。

[1] 常に $f(x)\geqq0$

[2] $P(a\leqq X\leqq b)=\displaystyle\int_a^b f(x)dx$

[3] $\alpha\leqq X\leqq\beta$ のとき $\displaystyle\int_\alpha^\beta f(x)dx=1$

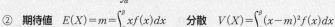

② **期待値** $E(X)=m=\displaystyle\int_\alpha^\beta xf(x)dx$　　**分散** $V(X)=\displaystyle\int_\alpha^\beta (x-m)^2f(x)dx$

2 正規分布

Xが正規分布 $N(m,\ \sigma^2)$ に従う確率変数であるとき

① **期待値** $E(X)=m$　　　**標準偏差** $\sigma(X)=\sigma$

② **標準正規分布**

$Z=\dfrac{X-m}{\sigma}$ とおくと，確率変数Zは標準正規分布 $N(0,\ 1)$ に従う。

③ **二項分布の正規分布による近似**

二項分布 $B(n,\ p)$ に従う確率変数Xは，n が大きいとき，近似的に正規分布
$N(np,\ npq)\ (q=1-p)$ に従う。

A

135 確率変数Xの確率密度関数 $f(x)$ が次の式で表されるとき，指定されたそれ
ぞれの確率を求めよ。

(1) $f(x)=\dfrac{1}{2}$ $(0\leqq x\leqq2)$　　　$P(0\leqq X\leqq1)$,　$P(0.5\leqq X\leqq1.5)$

*(2) $f(x)=2x$ $(0\leqq x\leqq1)$　　　$P(0.3\leqq X\leqq0.5)$,　$P(0.2\leqq X\leqq0.8)$

*136 前問の確率変数Xの期待値 $E(X)$，分散 $V(X)$，標準偏差 $\sigma(X)$ を，それぞ
れ求めよ。

137 確率変数Zが標準正規分布 $N(0,\ 1)$ に従うとき，次の確率を求めよ。

(1) $P(Z\geqq1)$　　　　　(2) $P(Z\leqq0.5)$　　　　*(3) $P(-1\leqq Z\leqq2)$

■Aの■
まとめ **138** 確率変数Xが正規分布 $N(4,\ 5^2)$ に従うとき，次の確率を求めよ。

(1) $P(X\geqq10)$　　　　　　(2) $P(1\leqq X\leqq9)$

正規分布

例題 17

正規分布 $N(10, 5^2)$ に従う確率変数 X について，
$P(X \leqq a) = 0.9938$ となるような定数 a の値を求めよ。

指針 　**正規分布と確率**　$m=10$, $\sigma=5$ であるから，$Z = \dfrac{X-10}{5}$ で標準正規分布 $N(0, 1)$ に変換し，正規分布表を利用して求める。

解答　X が $N(10, 5^2)$ に従うとき，$Z = \dfrac{X-10}{5}$ は $N(0, 1)$ に従うから

$$P(X \leqq a) = P\left(Z \leqq \frac{a-10}{5}\right)$$

ここで，$0.9938 > 0.5$ から $\dfrac{a-10}{5} > 0$ で

$$P\left(Z \leqq \frac{a-10}{5}\right) = 0.5 + p\left(\frac{a-10}{5}\right)$$

よって　　$0.5 + p\left(\dfrac{a-10}{5}\right) = 0.9938$　　　　ゆえに　　$p\left(\dfrac{a-10}{5}\right) = 0.4938$

正規分布表から　$\dfrac{a-10}{5} = 2.50$　　　　したがって　　**$a = 22.5$** 　**答**

■*139 ある製品の不良率は 0.02 である。この製品の 2500 個中の不良品が次の個数である確率を求めよ。ただし，二項分布は正規分布で近似せよ。

(1) 64 個以上　　　　(2) 36 個以下　　　　(3) 36 個以上 64 個以下

■140 確率変数 X の確率密度関数 $f(x)$ が次の式で与えられるとき，定数 a の値を求めよ。

*(1)　$f(x) = \begin{cases} 2a & (0 \leqq x \leqq 1) \\ a(3-x) & (1 \leqq x \leqq 3) \end{cases}$　　　　(2)　$f(x) = ax(2-x)$ $(0 \leqq x \leqq 2)$

■141 正規分布 $N(10, 5^2)$ に従う確率変数 X について，次の等式が成り立つように，定数 a の値を定めよ。

(1)　$P(10 \leqq X \leqq a) = 0.4772$　　　　　　*(2)　$P(X \geqq a) = 0.0062$

(3)　$P(-a \leqq X - 10 \leqq a) = 0.8664$　　　*(4)　$P(|X-10| \geqq a) = 0.0278$

■142 正規分布 $N(m, \sigma^2)$ において，変数 X が $|X-m| \geqq k\sigma$ の範囲に入る確率が，次の値になるように，正の定数 k の値を定めよ。

(1)　0.006　　　　　　*(2)　0.016　　　　　　(3)　0.242

■ 正規分布の応用

例題 18

ある大学の入学試験は1000点満点で，全志願者2000名の得点分布は，平均450点，標準偏差75点の正規分布をしていることがわかった。また，入学定員は320名である。

(1) 合格者のうち600点以上の者は約何％いるか。四捨五入して整数値で答えよ。

(2) 合格最低点は，およそ何点であると考えられるか。

指針 **正規分布の利用** 得点Xは正規分布$N(450, 75^2)$に従う。このとき

(1) $P(X \geqq 600) = a$ のとき，$100a$ ％いる。

(2) $P(X \geqq u) = \dfrac{320}{2000}$ を満たすuの値を求める。

解答 得点Xは正規分布$N(450, 75^2)$に従うから，$Z = \dfrac{X - 450}{75}$ とおくと，Zは標準正規分布$N(0, 1)$に従う。

(1) $P(X \geqq 600) = P\left(Z \geqq \dfrac{600 - 450}{75}\right) = P(Z \geqq 2) = 0.5 - p(2) = 0.0228$

よって，**約2％** いる。**答**

(2) 得点が高い方から320番目の得点をuとすると

$P(X \geqq u) = \dfrac{320}{2000} = 0.16$ よって $P\left(Z \geqq \dfrac{u - 450}{75}\right) = 0.16$

$0.16 < 0.5$ から $\dfrac{u - 450}{75} > 0$ で $0.5 - p\left(\dfrac{u - 450}{75}\right) = 0.16$

ゆえに $p\left(\dfrac{u - 450}{75}\right) = 0.34$

正規分布表より $\dfrac{u - 450}{75} = 0.99$ であるから $u = 524.25$

したがって，合格最低点は **約525点** であると考えられる。**答**

■■■ B ■■■

143 300人の生徒の試験の成績が平均70点，標準偏差7.5点の正規分布に従うものとするとき，次の問いに答えよ。

(1) 55点以上85点以下の生徒は約何％いるか。四捨五入して整数値で答えよ。

(2) ある生徒が80点以上である確率を求めよ。

144 あるクラスで行われた国語と英語の試験の結果は，平均点がそれぞれ57.6点，81.8点，標準偏差がそれぞれ10.3点，5.7点であった。Aさんの国語と英語の得点がそれぞれ75点，88点であったとき，どちらの教科が全体における相対的な順位が高いと考えられるか。ただし，得点は正規分布に従うものとする。

第2章 統計的な推測

16 母集団と標本

1 母集団と標本
① **無作為標本** 無作為抽出法によって選ばれた標本。
② **母集団分布** 母集団における変量の分布，平均値，標準偏差を，それぞれ **母集団分布，母平均，母標準偏差** という。これらは，大きさ1の無作為標本について，変量の値を確率変数とみたときの確率分布，期待値，標準偏差と一致する。

2 復元抽出・非復元抽出
母集団から大きさ n の標本を無作為に抽出し，その n 個の要素における変量の値を $X_1, X_2, \cdots\cdots, X_n$ とする。
① **復 元 抽 出** 母集団から大きさ1の標本を無作為に抽出するという試行を n 回繰り返す反復試行であるから，$X_1, X_2, \cdots\cdots, X_n$ は，それぞれが母集団分布に従う互いに独立な確率変数となる。
② **非復元抽出** 母集団の大きさが標本の大きさ n に比べて十分大きい場合には，近似的に復元抽出による標本とみなすことができ，$X_1, X_2, \cdots\cdots, X_n$ は，それぞれが母集団分布に従う互いに独立な確率変数と考えてよい。

■■A■■

145 次の調査は全数調査，標本調査のどちらか。
(1) テレビ番組の視聴率の調査　　(2) 学校での体重調査
(3) 工場で行う電球の平均寿命の調査

*146 1，2，3の数字を記入した玉が，それぞれ2個，3個，5個の計10個袋の中に入っている。これを母集団として，次の問いに答えよ。
(1) 玉に書かれている数字の母集団分布を求めよ。
(2) 母平均 m，母分散 σ^2，母標準偏差 σ を求めよ。

147 母集団 {A, B, C, D, E} から，大きさ2の標本を次のように抽出するとき，各場合の可能な標本をすべてあげよ。
(1) 復元抽出　　(2) 非復元抽出で続けて取り出す。
(3) 非復元抽出で同時に取り出す。

■Aの■まとめ **148** 乱数さい（正二十面体のさいころ）の面の2面を1，3面を2，4面を3，5面を4，6面を5と書き直す。このさいころを投げて出た目の数を母集団として，母集団分布，母平均 m，母標準偏差 σ を求めよ。

17 標本平均とその分布

> **1 標本平均 $\overline{X}$ の分布**
>
> 母平均 m，母標準偏差 σ の母集団から大きさ n の無作為標本を抽出するものとする。
>
> ① **標本平均 $\overline{X}$ の期待値，標準偏差** $E(\overline{X}) = m$, $\sigma(\overline{X}) = \dfrac{\sigma}{\sqrt{n}}$
>
> ② **標本平均 $\overline{X}$ の分布**
>
> 　母集団が正規分布 $N(m, \sigma^2)$ に従うときは，$\overline{X}$ も正規分布に従い，どのような母
> 　集団でも，n が大きいときは，正規分布 $N\left(m, \dfrac{\sigma^2}{n}\right)$ に従う。
>
> **2 大数の法則**
>
> 母平均 m の母集団から大きさ n の無作為標本を抽出するとき，その標本平均 $\overline{X}$ は，
> n が大きくなるに従って，母平均 m に近づく。

□***149** 16歳の男子生徒の体重 X（kg）は，平均値 59.8 kg，標準偏差 6.9 kg の正
規分布に従うという。この母集団から無作為に 25 人からなる標本を取り出
すとき，その標本平均 $\overline{X}$ の期待値と標準偏差を求めよ。

□ **150** 学生 200 人の通学時間 X を調べて，下の表を得た。X の確率分布表を作れ。
また，学生から無作為に 1 人，4 人，16 人を選んで平均通学時間を聞くと
き，各場合について，平均通学時間の期待値と標準偏差を求めよ。

X（通学時間：分）	20	30	40	50	60	70	80	90	100
f（人数：人）	2	10	22	38	58	34	24	10	2

□***151** ある県の高校生を母集団とするとき，その身長は平均 165 cm，標準偏差
4 cm の正規分布をなしていた。この母集団から無作為に 64 人の標本を抽出
したとき，その標本平均が 164 cm 以上 166 cm 以下である確率を求めよ。

□ ■Aの■ **152** 右の確率分布をもつ母集団から大き
　　まとめ　　さ 100 の標本を取り出すとき，標本
平均 $\overline{X}$ の期待値，標準偏差を求めよ。

X	1	2	3	4
P	0.1	0.3	0.4	0.2

■■ 標本平均

例題 19

ある生物は体長が平均 60 cm, 標準偏差 8 cm の正規分布に従う。ある 4 個の個体の平均値が 72 cm 以上となる確率を求めよ。また, 平均値の標準偏差を 0.4 cm 以下にするには何個の個体が必要か。

指針 　**標本平均 $\overline{X}$ の分布** 　大きさが n ならば 　$E(\overline{X})=m$, $\sigma(\overline{X})=\dfrac{\sigma}{\sqrt{n}}$

解答 　標本平均 $\overline{X}$ は正規分布 $N\left(60, \dfrac{8^2}{4}\right)$ すなわち $N(60, 4^2)$ に従う。

よって, $Z=\dfrac{\overline{X}-60}{4}$ とおくと, Z は標準正規分布 $N(0, 1)$ に従う。

ゆえに 　　$P(\overline{X}\geqq 72)=P\left(Z\geqq\dfrac{72-60}{4}\right)=P(Z\geqq 3)$

$$=0.5-p(3)=0.5-0.4987=\mathbf{0.0013}\ \boxed{答}$$

また, 個体数を n とすると 　　$\dfrac{8}{\sqrt{n}}\leqq 0.4$

よって 　　$\sqrt{n}\geqq 20$ 　　ゆえに 　　$n\geqq 400$ 　　　$\boxed{答}$ 　**400 個以上**

☐ **153** ある 100 点満点の試験の成績は平均 60 点, 標準偏差 20 点であった。あるグループ 50 名の平均点が, 65 点以上 68 点以下である確率を求めよ。

☐ **154** ある国の有権者の内閣支持率が 50 % であるとき, 無作為に抽出した 400 人の有権者の内閣支持率を R とする。R が 48 % 以上 52 % 以下である確率を求めよ。

☐ **155** 1 個のさいころを n 回投げるとき, 1 の目が出る相対度数を R とする。次の各場合について, 確率 $P\left(\left|R-\dfrac{1}{6}\right|\leqq\dfrac{1}{60}\right)$ の値を求めよ。

*(1) 　$n=500$ 　　　　*(2) 　$n=2000$ 　　　　(3) 　$n=4500$

☐***156** ある花の種は平均 5 %, 標準偏差 20 % で発芽不良となる。この種を同じ数ずつ袋に入れる。このとき, 各袋の発芽不良の種の混入割合の平均の標準偏差を 5 % におさえるには少なくとも何粒必要か。

☐ **157** 1 枚の硬貨を n 回投げて, 表の出る回数を X とするとき, $\left|\dfrac{X}{n}-\dfrac{1}{2}\right|\leqq 0.01$ となる確率が 0.95 以上になるためには, n をどのくらい大きくすればよいか。100 未満を切り上げて答えよ。

18 推定

1 **推定** 標本の大きさ n が十分大きいものとする。

① 母平均 m の推定

標本平均を $\overline{X}$,母標準偏差を σ(σ の代わりに標本標準偏差 s を用いてもよい)とすると,母平均 m に対する信頼度 95 %の信頼区間は

$$\left[\overline{X}-1.96\cdot\frac{\sigma}{\sqrt{n}},\ \ \overline{X}+1.96\cdot\frac{\sigma}{\sqrt{n}}\right]$$

② 母比率 p の推定

標本のある性質を満たすものの比率(標本比率)を R とすると,母比率 p に対する信頼度 95 %の信頼区間は

$$\left[R-1.96\sqrt{\frac{R(1-R)}{n}},\ \ R+1.96\sqrt{\frac{R(1-R)}{n}}\right]$$

※ 平方根の値については,必要に応じて巻末の表の値の小数第3位を四捨五入した値を用いる。

☑***158** ある試験を受けた高校生の中から,100 人を任意に選んだところ,平均点は 58.3 点であった。母標準偏差を 13.0 点として,母平均の信頼区間を信頼度 95 %で推定せよ。

☑ **159** 200 g 入りと表示されたある缶入り清涼飲料水について,無作為抽出した 9 本の内容量を調べたところ,次の通りであった。内容量の母平均を信頼度 95 %で推定せよ。

198 200 202 201 199 197 201 202 200

☑***160** ある工場で生産している電球の中から 800 個を無作為抽出して検査したところ,不良品が 32 個あった。この製品全体の不良率を信頼度 95 %で推定せよ。

☑ ■**A**の■ **161** (1) ある工場で生産している製品の中から,400 個を無作為抽出 ■まとめ■ して重さを測ったところ,平均が 30.2 kg であった。この製品の平均重量を 95 %の信頼度で推定せよ。ただし,従来の標準偏差は 1.21 kg である。

(2) ある農園で大量に生産しているリンゴの中から 900 個を無作為に抽出して検査したところ,不良品が 18 個あった。この農園でとれるリンゴの不良率を信頼度 95 %で推定せよ。

■推定

例題 20　1個のさいころを投げて，1の目が出る確率を信頼度95%で推定したい。信頼区間の幅を0.1以下にするには，さいころを何回以上投げればよいか。

指針　母比率の推定と標本の大きさの決定　信頼区間の幅は　$2\times1.96\sqrt{\dfrac{R(1-R)}{n}}$

解答　標本比率をR，標本の大きさをn回とすると，信頼度95%の信頼区間の幅は

$$2\times1.96\sqrt{\frac{R(1-R)}{n}}$$

$R=\dfrac{1}{6}$としてよいから　$2\times1.96\sqrt{\dfrac{1}{6}\left(1-\dfrac{1}{6}\right)\cdot\dfrac{1}{n}}\leqq0.1$

よって　$\sqrt{n}\geqq\dfrac{98\sqrt{5}}{15}$　　両辺を2乗して　$n\geqq213.42\cdots\cdots$

したがって，**214回以上**投げればよい。 **答**

■■■ **B** ■■■

*162　過去の資料から，18歳の男子の身長の標準偏差は5.8 cmであることが知られている。いま，18歳の男子の身長の平均値を信頼度95%で推定するために，何人かを抽出して調査したい。信頼区間の幅を2 cm以下にするためには，何人以上調査する必要があるか。

163　数千枚の答案を採点した。信頼度95%，誤差2点以内でその平均点を推定したいとすると，少なくとも何枚以上の答案を抜き出さなければならないか。また，誤差1点以内で推定するとすればどうか。ただし，従来の経験で点数の標準偏差は15点としてよいことはわかっているものとする。

*164　ある工場で生産される製品の不良率を信頼度95%で推定したい。この不良率はほぼ5%であると予想できるという。信頼区間の幅を0.02以下にするには標本の大きさをいくらにすればよいか。

*165　ある町で，1つの政策に対する賛否を調べる世論調査を，任意に抽出した有権者400人に対して行ったところ，政策支持者は216人であった。この町の有権者1万人のうち，この政策の支持者は何人ぐらいいると推定されるか。95%の信頼度で推定せよ。

ヒント 165 まず，政策支持者の母比率を推定する。

19 仮説検定

■ A ■

166 ある硬貨を 200 回投げたところ，表が 121 回出た。この硬貨は表と裏の出方に偏りがあると判断してよいか，有意水準 5％ で検定したい。この検定について述べた文として，適切なものを，次の ①～④ からすべて選べ。

① 両側検定を行う。

② 「表と裏の出方に偏りがない」という仮説を立てたとき，棄却域は右の図の u 以上となる範囲になる。

正規分布曲線（平均 0，標準偏差 1）

0.05

0　　　u

③ 「表と裏の出方に偏りがない」という仮説が棄却された場合，この硬貨は「表と裏の出方に偏りがある」と判断できる。

④ 「表と裏の出方に偏りがない」という仮説を棄却できない場合，この硬貨は「表と裏の出方に偏りがない」と判断できる。

■Aの■
まとめ
167 ある硬貨を 484 回投げたところ，表が 222 回出た。この硬貨は，表と裏の出方に偏りがあると判断してよいか。有意水準 5％ で検定せよ。

■ 仮説検定 （母平均の検定）

例題 21

ある政党の5年前の支持率は20％であった。無作為に900人を選んで調査したところ，157人が支持しているという結果であった。支持率は5年前から下がったと判断してよいか。有意水準1％で検定せよ。

■指針 **母平均の仮説検定** 現在の支持率を p として，仮説「$p=0.2$」を立てる。

解答

現在の支持率を p とする。

支持率が下がったならば，$p<0.2$ である。

ここで，「支持率は下がっていない」，すなわち $p=0.2$ という仮説を立てる。

仮説が正しいとするとき，900人のうち支持している人数 X は，二項分布 $B(900, 0.2)$ に従う。

X の期待値 m と標準偏差 σ は

$$m=900\times0.2=180,$$
$$\sigma=\sqrt{900\times0.2\times(1-0.2)}=12$$

よって，$Z=\dfrac{X-180}{12}$ は近似的に標準正規分布 $N(0, 1)$ に従う。

正規分布表から $P(-2.33\leqq Z\leqq0)\fallingdotseq0.49$ であるから，有意水準1％の棄却域は

$$Z\leqq-2.33$$

$X=157$ のとき $Z=\dfrac{157-180}{12}\fallingdotseq-1.9$ であり，この値は棄却域に入らないから，仮説を棄却できない。

すなわち，**支持率は5年前から下がったとは判断できない。** **答**

■参考 有意水準5％で検定すると，$p(-1.64\leqq Z\leqq0)\fallingdotseq0.45$ より棄却域は $Z\leqq-1.64$ となり仮説を棄却できる。

B

▢ *168 あるテレビ番組の視聴率は従来10％であった。無作為に400世帯を選んで調査したところ，48世帯が視聴していることがわかった。視聴率は従来よりも上がったと判断してよいか。有意水準5％で検定せよ。

▢ *169 350g入りと表示されたお菓子の袋の山から，無作為に100袋を抽出して重さを調べたところ，平均値が349.2gであった。母標準偏差が4.0gであるとき，1袋あたりの重さは表示通りでないと判断してよいか。有意水準5％で検定せよ。

▢ 170 テニス選手A，Bの年間の対戦成績は，Aの23勝13敗であった。両選手の力に差があると判断してよいか。有意水準5％で検定せよ。

20 第2章 演習問題

■ 期待値と分散

例題 22　n 個の値 1, 2, 3, ……, n を等しい確率でとる確率変数 X について，X の期待値と分散を求めよ。

指針　和の公式の利用　$\displaystyle\sum_{k=1}^{n} k = \frac{1}{2}n(n+1)$, $\displaystyle\sum_{k=1}^{n} k^2 = \frac{1}{6}n(n+1)(2n+1)$

解答　$k=1, 2, 3, \cdots\cdots, n$ の各値について　$P(X=k)=\dfrac{1}{n}$

よって　$E(X)=\displaystyle\sum_{k=1}^{n} k \cdot \frac{1}{n} = \frac{1}{n}\sum_{k=1}^{n} k = \frac{1}{n} \cdot \frac{1}{2}n(n+1) = \dfrac{n+1}{2}$　**答**

また　$E(X^2)=\displaystyle\sum_{k=1}^{n} k^2 \cdot \frac{1}{n} = \frac{1}{n}\sum_{k=1}^{n} k^2 = \frac{1}{n} \cdot \frac{1}{6}n(n+1)(2n+1)$

$\qquad = \dfrac{(n+1)(2n+1)}{6}$

ゆえに　$V(X)=E(X^2)-\{E(X)\}^2 = \dfrac{(n+1)(2n+1)}{6} - \left(\dfrac{n+1}{2}\right)^2$

$\qquad = \dfrac{(n+1)\{2(2n+1)-3(n+1)\}}{12} = \dfrac{(n+1)(n-1)}{12}$　**答**

B

☑ **171**　白玉6個と赤玉4個が入っている袋から玉を次の方法で取り出す。白玉の出た回数を X とするとき，X の期待値と分散をそれぞれ求めよ。

(1)　1個ずつ，もとに戻さず2回続けて取り出す。

(2)　1個ずつ，2回取り出す。ただし，取り出した玉は毎回もとに戻す。

☑ **172**　n は2以上の自然数とする。1から n までの自然数 1, 2, ……, n の各数を1つずつ書いた n 枚のカードが入った箱がある。この箱から同時に2枚のカードを取り出して，そのうち大きい方の数を X とする。

(1)　$1 \leqq k \leqq n$ である自然数 k に対して $X=k$ となる確率を求めよ。

(2)　X の期待値と分散を求めよ。

ヒント 172 (1)　$X=k$ となるのは，1枚は数 k が書かれたカードを取り出し，他の1枚は $k-1$ 以下の数が書かれたカードを取り出した場合である。

(2)　$\displaystyle\sum_{k=1}^{n} k^3 = \left\{\frac{1}{2}n(n+1)\right\}^2$ を利用。

■ 期待値と分散（二項分布）

例題 23　1枚の硬貨を4回投げるとき，表の出る回数から裏の出る回数を引いた数Xの期待値と分散を求めよ。

指針　**二項分布**　表の出る回数は二項分布に従う。

また，$Y=aX+b$ のとき　$E(Y)=aE(X)+b$，$V(Y)=a^2V(X)$

解答　表の出る回数をZとすると，Zは二項分布 $B\left(4, \dfrac{1}{2}\right)$ に従う。

よって　　$E(Z)=4\times\dfrac{1}{2}=2$，$V(Z)=4\times\dfrac{1}{2}\times\dfrac{1}{2}=1$

$X=Z-(4-Z)=2Z-4$ であるから

　　　　期待値　$E(X)=2E(Z)-4=0$ **答**

　　　　分散　$V(X)=2^2V(Z)=4$ **答**

□ **173** A，Bの2人が，白玉2個と赤玉3個の入っている袋から，A，Bの順に玉を1個ずつ取り出していき，最初に白玉を取り出した人を勝ちとする。ただし，取り出した玉はもとに戻さないものとする。この勝負を20回行うとき，Aが勝つ回数Xの期待値と標準偏差を求めよ。

□ **174** 1と書いたカードが1枚，2と書いたカードが2枚，……，nと書いたカードがn枚ある。この中から1枚のカードを取り出すとき，カードに書かれた数Xを確率変数とする。

(1) $P(X=k)$ を求めよ。ただし，$k=1,\ 2,\ \cdots\cdots,\ n$ とする。

(2) Xの期待値と分散を求めよ。

□ **175** ある母集団から，無作為に一定の大きさの標本を抽出して母平均mに対する信頼度95％の信頼区間を求めることを，1216回繰り返す。それらの信頼区間のうち，母平均mを含むものの数をYとする。

(1) 確率変数Yの期待値と標準偏差を求めよ。

(2) $Y\leqq1140$ となる確率を求めよ。

標本平均への正規分布の利用

例題 24

AとBが跳んだ距離を競う競技会に参加している。Bが跳ぶ距離の確率分布はほぼ正規分布をなすものとする。Bが最近参加した 20 回の競技会で跳んだ距離の記録 x_i ($i=1, 2, \cdots\cdots, 20$; 単位はm) を調べたところ $\sum\limits_{i=1}^{20} x_i = 107.00$, $\sum\limits_{i=1}^{20} x_i{}^2 = 572.90$ であった。いま，先に跳んだAの記録が 5.65 m であった。このとき，AがBに勝つ確率を求めよ。

指針 **正規分布の利用** Bが跳ぶ距離をXとすると，Xは確率変数で，AがBに勝つ確率は $P(X \leqq 5.65)$ である。

解答 Bが跳んだ距離の平均 $\bar{x}$，標準偏差 σ は

$$\bar{x} = \frac{1}{20} \sum_{i=1}^{20} x_i = \frac{1}{20} \times 107.00 = 5.35 \text{ (m)}$$

$$\sigma = \sqrt{\frac{1}{20} \sum_{i=1}^{20} x_i{}^2 - (\bar{x})^2} = \sqrt{\frac{1}{20} \times 572.90 - (5.35)^2} = \sqrt{0.0225} = 0.15 \text{ (m)}$$

よって，Bが跳ぶ距離Xは正規分布 $N(5.35, 0.15^2)$ に従う。

このとき，$Z = \dfrac{X - 5.35}{0.15}$ は標準正規分布 $N(0, 1)$ に従うから，AがBに勝つ確率は

$$P(X \leqq 5.65) = P\left(Z \leqq \frac{5.65 - 5.35}{0.15}\right) = P(Z \leqq 2)$$
$$= 0.5 + p(2) = 0.5 + 0.4772 = \mathbf{0.9772} \quad \boxed{答}$$

176 ある工場で生産されている長さ 1 m のニクロム線の抵抗は，平均 5.158 オーム，標準偏差 0.1100 オームの正規分布に従う。
(1) 100 本のニクロム線を取り出すとき，その平均が 5.180 オーム以上になる確率を求めよ。
(2) 平均値の標準偏差を 0.005 オーム以下にしたい。ニクロム線を少なくとも何本取り出せばよいか。

177 ある植物の種子の発芽率は 80 % であるという。この植物の種子を 1000 個まいたとき
(1) 820 個以上の種子が発芽する確率を求めよ。
(2) 1000 個のうち n 個以上の種子が発芽する確率が 80 % 以上となるような n の最大値を求めよ。

ヒント 177 (2) 発芽する種子の個数をXとするとき，$X \geqq n$ となる確率が 80 % 以上になるようにnの値の範囲を定めればよい。

■ 期待値（二項分布）

例題 25

1個のさいころを n 回投げ，6の目が r 回出れば ar^2+br+c （a, b, c は定数で $a>0$）の金額が得られるものとする。得られる金額の期待値 m と $\dfrac{a}{36}n^2+\dfrac{b}{6}n+c$ のどちらが大きいか。

指針　**二項分布と期待値**　さいころを n 回投げて6の目が出る回数を X とすると

$$m=E(aX^2+bX+c)=aE(X^2)+bE(X)+c$$

$E(X^2)$ は $V(X)=E(X^2)-\{E(X)\}^2$ を利用する。

解答　さいころを n 回投げるとき，6の目が出る回数を X とすると

$$P(X=r)={}_nC_r\left(\frac{1}{6}\right)^r\left(\frac{5}{6}\right)^{n-r} \qquad r=0,\ 1,\ 2,\ \cdots\cdots,\ n$$

よって，確率変数 X は二項分布 $B\left(n,\ \dfrac{1}{6}\right)$ に従う。

ゆえに　　期待値　$E(X)=n\times\dfrac{1}{6}=\dfrac{n}{6}$　　　　分散　$V(X)=n\times\dfrac{1}{6}\times\dfrac{5}{6}=\dfrac{5}{36}n$

$V(X)=E(X^2)-\{E(X)\}^2$ から　　$\dfrac{5}{36}n=E(X^2)-\dfrac{n^2}{36}$

よって　　$E(X^2)=\dfrac{n^2}{36}+\dfrac{5}{36}n$

ゆえに　　$m=E(aX^2+bX+c)=aE(X^2)+bE(X)+c$

$\qquad\qquad =\dfrac{a}{36}n^2+\dfrac{5a}{36}n+\dfrac{b}{6}n+c$

よって　　$m-\left(\dfrac{a}{36}n^2+\dfrac{b}{6}n+c\right)=\dfrac{5a}{36}n>0$　　　　ゆえに，**m の方が大きい。** 答

B

☑ **178** n 個のさいころを同時に投げて，出た1の目1つに対して60円を受け取る。このとき，参加料として1000円を支払っても損をしないためには何個以上のさいころを投げればよいか。

☑ **179** 数学の成績 x を記録するのに，平均が m，標準偏差が σ のとき，右の表に従って，1から5までの評点で表す。成績が正規分布に従うものとして，次の問いに答えよ。

成　績	評点
$x<m-1.5\sigma$	1
$m-1.5\sigma\leqq x<m-0.5\sigma$	2
$m-0.5\sigma\leqq x\leqq m+0.5\sigma$	3
$m+0.5\sigma<x\leqq m+1.5\sigma$	4
$m+1.5\sigma<x$	5

(1) 45人の学級で，評点1, 2, 3, 4, 5の生徒の数は，それぞれ何人くらいずつになるか。

(2) $m=62$, $\sigma=20$ のとき，成績85の生徒にどのような評点がつくか。

ここでは，思考力・判断力・表現力の育成に特に役立つ問題をまとめて掲載しました。

☑ **1** Nは4以上の自然数とする。Aさんはm枚 $(2\leqq m\leqq N-2)$，Bさんは $(N-m)$枚コインを持っている。2人であるゲームを繰り返し行い，1回ゲームが終わるごとに敗者が勝者にコインを1枚渡し，どちらかのコインが1枚だけになったらゲームを終える。ゲームを1回行うときにAさん，Bさんの勝つ確率はそれぞれ$\dfrac{1}{3}$，$\dfrac{2}{3}$であるとき，AさんとBさんのどちらが先にコインが1枚になる確率が高いかを考えたい。

(1) Aさんの持っているコインがk枚 $(1\leqq k\leqq N-1)$ のとき，AさんのコインがBさんより先に1枚になる確率をp_kとする。ただし，$p_1=1$，$p_{N-1}=0$とする。$2\leqq k\leqq N-2$ のとき，p_kをp_{k-1}，p_{k+1}を用いて表せ。

(2) p_kをp_2を用いて表せ。

(3) p_kを求めよ。

(4) 次の①～③の文章のうち，適切なものを1つ選べ。

　① Aさんが初めに何枚コインを持っていたとしても，先にコインが1枚になる確率はAさんの方が高い。

　② Aさんが初めに持っているコインの枚数を増やせば，先にコインが1枚になる確率をBさんより低くすることができる。

　③ Aさんが初めに何枚コインを持っていたとしても，先にコインが1枚になる確率は変わらない。

☑ **2** p を正の整数とする。$a_n = \left(p + \dfrac{3}{2}\right) \cdot 3^{n-1} - \dfrac{3}{2}$ で表される数列 $\{a_n\}$ について

(1) a_1 を求めよ。

(2) a_{n+1} を a_n を用いて表せ。

(3) 数列 a_1, a_2, a_3, …… に素数がただ 1 つだけ現れるようにするためには正の整数 p をどのように定めればよいか。

☑ **3** 500 g 入りと表示された砂糖の袋の山から，無作為に何袋か十分たくさんの個数を抽出して重さを調べて，砂糖の 1 袋の重さの平均値を，信頼度 95 % で推定したところ，信頼区間は $[p, q]$ となった。ただし，$0 < p < 500 < q$ である。次に，1 袋あたりの重さは表示通りでないと判断してよいかを検定した。
仮説検定における有意水準を下の (1)，(2) の値としたとき，検定の結果について述べた文章として適切なものを次の ①～③ のうちから，それぞれ 1 つずつ選べ。

    ① 表示通りでないと判断できる。

    ② 表示通りでないとは判断できない。

    ③ 与えられた条件からは，検定の結果はわからない。

(1) 5 %　　　　　　　　　　　(2) α $(0 < \alpha < 0.05)$

答と略解

1 (1) $a_1=3$, $a_2=5$, $a_3=7$, $a_{10}=21$

(2) $a_1=2$, $a_2=5$, $a_3=10$, $a_{10}=101$

(3) $a_1=2$, $a_2=\dfrac{3}{2}$, $a_3=\dfrac{4}{3}$, $a_{10}=\dfrac{11}{10}$

(4) $a_1=-2$, $a_2=4$, $a_3=-8$, $a_{10}=1024$

2 (1) $5n$ (2) $2n+3$

(3) $(-1)^{n+1}n$ (4) $\dfrac{3^n}{2n}$

3 順に (1) 16, 1, -4 ; $-5n+21$

(2) 34 ; $16n+2$

[(2) 公差を d とすると $18+2d=50$]

4 (1) -5 (2) 12 (3) -8 (4) -7

5 (1) $a_n=2n$ (2) $a_n=-n+110$

[初項を a，公差を d とすると

(1) $a+4d=10$, $a+9d=20$

(2) $a+9d=100$, $a+99d=10$]

6 初項 2，公差 5

[$a_{n+1}-a_n=\{5(n+1)-3\}-(5n-3)=5$ (一定)]

7 (1) $k=8$ (2) $k=-1$ (3) $k=\dfrac{5}{2}$

[(1) $2k=5+11$ (2) $2k=4+6k$

(3) $2\cdot5=k+3k$]

8 (1) 順に 25，第 10 項

(2) $a_n=-3n+53$

9 (1) 第 25 項 (2) 第 41 項

[一般項を a_n とすると

(1) $a_n=4n+1>100$

(2) $a_n=-n+40<0$]

10 [$a_{n+1}-a_n=d$, $b_{n+1}-b_n=e$ とおける。ただし，d, e は定数。

(1) $(a_{n+1}-1)-(a_n-1)=d$

(2) $(2a_{n+1}-3b_{n+1})-(2a_n-3b_n)=2d-3e$

(3) $a_{2(n+1)}-a_{2n}=2d$]

11 (1) 7, 9, 11 (2) 5, 10, 15

[3 つの数を $a-d$, a, $a+d$ とおく。

(1) $(a-d)+a+(a+d)=27$,

$(a-d)\cdot a\cdot(a+d)=693$

(2) $(a-d)^2+a^2+(a+d)^2=350$,

$d>0$ とすると $a+d=a+(a-d)$

別解 3 つの数を a, b, c として

(1) $2b=a+c$, $a+b+c=27$, $abc=693$

(2) $2b=a+c$, $a^2+b^2+c^2=350$,

$a<b<c$ として $c=a+b$]

12 $3:4:5$

[3 辺の長さを $a-d$, a, $a+d$ $(0\leqq d<a)$

とおく。三平方の定理から

$(a-d)^2+a^2=(a+d)^2$]

13 (1) $x=\dfrac{1}{7}$, $y=\dfrac{1}{9}$; $a_n=\dfrac{1}{2n-1}$

(2) $x=\dfrac{2}{3}$, $y=\dfrac{2}{5}$; $a_n=\dfrac{2}{n+1}$

$\left[\text{(1)} \ 1, \ 3, \ 5, \ \dfrac{1}{x}, \ \dfrac{1}{y}, \ \cdots\cdots \ \text{が等差数列。}\right.$

ゆえに $2\cdot5=3+\dfrac{1}{x}$, $2\cdot\dfrac{1}{x}=5+\dfrac{1}{y}$

(2) $1, \ \dfrac{1}{x}, \ 2, \ \dfrac{1}{y}, \ \cdots\cdots \ $ が等差数列。

ゆえに $2\cdot\dfrac{1}{x}=1+2$, $2\cdot2=\dfrac{1}{x}+\dfrac{1}{y}\Big]$

14 (1) 120 (2) 650

15 順に (1) $n(n+1)$, 110

(2) $\dfrac{5}{2}n(9-n)$, -25

16 (1) $2n(n+3)$ (2) $\dfrac{1}{2}n(11-3n)$

17 (1) -28 (2) 448

[項数 n は (1) $n=8$ (2) $n=7$]

18 (1) 3 (2) 公差 -2，項数 35

(3) 初項 -4，公差 4

[(3) 初項を a，公差を d とすると

$a+4d=12$, $\dfrac{1}{2}\cdot5(a+12)=20$]

19 (1) 1188 (2) 975 (3) 280

(4) 3640

[(1) $4\cdot8+4\cdot9+\cdots\cdots+4\cdot25$ から

初項 32，末項 100，項数 18

よって　$\dfrac{1}{2}\cdot18(32+100)$

(2)　$5\cdot6+5\cdot7+\cdots\cdots+5\cdot20$ から

$\dfrac{1}{2}\cdot15(30+100)$

(3)　$20\cdot2+20\cdot3+20\cdot4+20\cdot5$ から

$\dfrac{1}{2}\cdot4(40+100)$

(4)　30 から 100 までの自然数の和は

$\dfrac{1}{2}\cdot71(30+100)=4615$

よって　4615−(2)]

20 (1) 480　(2) 2475

21 初項1, 公差2, $S_{30}=900$

　[初項を a, 公差を d とすると

$\dfrac{1}{2}\cdot10\{2a+(10-1)d\}=100$

$\dfrac{1}{2}\cdot20\{2a+(20-1)d\}=400$]

22 295

　[初項を a, 公差を d, 初項から第 n 項までの和を S_n とすると

$S_5=-5$, $S_{10}-S_5=145$ から　$a=-13$, $d=6$

求める和は　$S_{15}-S_{10}$]

23 $n=18$, 公差 $\dfrac{20}{19}$

　[初項 -5, 末項 15, 項数 $n+2$ の等差数列であるから　$\dfrac{1}{2}(n+2)(-5+15)=100$]

24 (1) なりえない　(2) $n=76$

(3) $n=38$

　[初項 112, 公差 -3

(1) 一般項は $-3n+115$

$-3n+115=50$ となる自然数 n は存在しない。

(2) $S_n=\dfrac{1}{2}n(227-3n)<0$

$n>0$ から　$n>\dfrac{227}{3}=75.6\cdots\cdots$

(3) $S_n=-\dfrac{3}{2}\left(n-\dfrac{227}{6}\right)^2+\dfrac{3}{2}\cdot\left(\dfrac{227}{6}\right)^2$

$\dfrac{227}{6}=37.8\cdots\cdots$ より 37 と 38 では 38 の方に近いから, $n=38$ のとき最大。

　別解　一般項 $a_n=-3n+115>0$ から

$n<\dfrac{115}{3}=38.3\cdots\cdots$

これを満たす最大の自然数は　$n=38$]

25 (1) 19266　(2) 25884

　[1 から 300 までの自然数の和は 45150, 3 で割

り切れる数の和は 15150, 7 で割り切れる数の和は 6321, 3 と 7 の両方で割り切れる数の和は 2205]

26 $2(b^2-a^2)$

27 順に (1) 8, 16 ; 2^{n-1}

(2) 3, -24, 48 ; $3(-2)^{n-1}$

(3) -27, 9 ; $81\left(-\dfrac{1}{3}\right)^{n-1}$

(4) 12, 192 ; $3\cdot4^{n-1}$ または

　-12, -192 ; $3(-4)^{n-1}$

28 (1) 640　(2) -5　(3) 3　(4) ±2

29 (1) 初項4, 公比3, $a_n=4\cdot3^{n-1}$

(2) 初項3, 公比2, $a_n=3\cdot2^{n-1}$

　または 初項3, 公比 -2, $a_n=3\cdot(-2)^{n-1}$

　[初項を a, 公比を r とする。

(1) $ar^2=36$, $ar^5=972$ から　$r^3=27$

(2) $ar^2=12$, $ar^6=192$ から　$r^4=16$]

30 (1) $k=\pm6$　(2) $k=2$

(3) $k=4$, -9

　[(1) $k^2=3\cdot12$　(2) $k^2=4(k-1)$

(3) $6^2=k(k+5)$]

31 順に (1) $4(2^n-1)$, 4092

(2) $-2n$, -20

32 (1) 127　(2) 122

33 (1) $-\dfrac{1}{3}\{1-(-2)^n\}$

(2) $\dfrac{3}{2}\{1-(-1)^n\}$

34 (1) $a_n=2\cdot3^{n-1}$ または $a_n=2(-3)^{n-1}$

(2) 1458　(3) 242

35 $a=5$, $b=15$ または $a=\dfrac{5}{4}$, $b=\dfrac{15}{2}$

　[$2a=-5+b$, $b^2=45a$]

36 等差数列, 等比数列いずれもできる

　[等差数列の場合, 一般項は $4n-2$

等比数列の場合, 一般項は $2\cdot3^{n-1}$]

37 (1) 3　(2) 5

　[(2) $3(2^n-1)=93$]

38 (1) 初項 10, 公比 1

　または 初項 40, 公比 $-\dfrac{1}{2}$

(2) 初項 1, 公比 2

　[初項を a, 公比を r とする。

(1) $ar^2=10$ ……①, $a+ar+ar^2=30$ ……②

②の両辺に r^2 を掛けると

$ar^2(1+r+r^2)=30r^2$

① を代入して整理すると

$(2r+1)(r-1)=0$

(2) $a+ar+ar^2=7$ …… ①

$ar+ar^2+ar^3=14$ …… ②

① の両辺に r を掛けると $ar+ar^2+ar^3=7r$

② から $14=7r$ よって $r=2$]

39 (1) 第5項 (2) 第7項

[(1) $2\cdot3^{n-1}>100$ から $3^{n-1}>50$

ここで $3^3=27$, $3^4=81$

(2) $3^n-1>1000$ から $3^n>1001$

ここで $3^6=729$, $3^7=2187$]

40 (1) 1023 (2) 2520 (3) 2418

[(1) $1+2+2^2+\cdots\cdots+2^9$

(2) $(1+2+\cdots\cdots+2^5)(1+3+3^2+3^3)$]

41 初項 4, 公比 $\dfrac{1}{2}$

[$\log_2 a_n=3-n$ から $a_n=2^{3-n}$]

42 (1) $uw>xz$ (2) $u+w>x+z$

[公差 d, 公比 r とする。$d>0$, $r \neq 1$ であり

$b-a=4d$, $b=ar^4$

(1) $uw-xz=(a+d)(b-d)-ar\cdot ar^3=3d^2>0$

(2) $(u+w)-(x+z)$

$=a(1-r)^2\left\{\left(r+\dfrac{1}{2}\right)^2+\dfrac{3}{4}\right\}>0$]

43 381112 円

[借金の3年分の元利合計 $10^6\cdot1.07^3$ 円と，毎年

年末に x 円ずつ積み立てると考えたときの3年分

の元利合計 $\dfrac{x(1.07^3-1)}{1.07-1}$ 円が等しい]

44 (1) (ア) $1^2+2^2+3^2+4^2+5^2+6^2$

(イ) $2^5+2^6+2^7+2^8+2^9+2^{10}$

(ウ) $4^2+5^2+6^2+7^2$ (エ) $4^2+5^2+6^2+7^2$

(2) (ア) $\displaystyle\sum_{k=3}^{n}2^k$ (または $\displaystyle\sum_{k=1}^{n-2}2^{k+2}$ など)

(イ) $\displaystyle\sum_{k=1}^{8}k^2$

45 (1) $n(n-6)$ (2) 3^n-1 (3) 120

(4) 271

[(4) $\dfrac{9\cdot10\cdot19}{6}-\dfrac{3\cdot4\cdot7}{6}$]

46 (1) $\dfrac{1}{6}n(n+1)(2n+7)$

(2) $-\dfrac{1}{2}n(2n^2+n-9)$

(3) $\dfrac{1}{4}n(n+1)(n-3)(n+4)$

(4) $\dfrac{1}{2}n(4n^2-n-11)$

47 順に (1) $(3k)^2$, $\dfrac{3}{2}n(n+1)(2n+1)$

(2) $k(2k-1)$, $\dfrac{1}{6}n(n+1)(4n-1)$

(3) $(2k-1)^3$, $n^2(2n^2-1)$

(4) $k(k+1)(2k+1)$, $\dfrac{1}{2}n(n+1)^2(n+2)$

48 (1) [1] n [2] $\dfrac{1}{2}(n^2-n+4)$

(2) [1] n^2 [2] $\dfrac{1}{6}(2n^3-3n^2+n+6)$

(3) [1] $(-1)^n$ [2] $\dfrac{1}{2}\{1+(-1)^{n-1}\}$

(4) [1] 3^{n-1} [2] $\dfrac{1}{2}(3^{n-1}+1)$

49 $-n^2+n+10$

[$n \geqq 2$ のとき $a_n=10+\displaystyle\sum_{k=1}^{n-1}(-2k)$]

50 求める数列の一般項を a_n とする。

(1) $a_1=3$, $n \geqq 2$ のとき $a_n=3n^2-3n+1$

(2) $a_1=5$, $n \geqq 2$ のとき $a_n=2^{n-1}$

[$a_1=S_1$, $a_n=S_n-S_{n-1}$ $(n \geqq 2)$ を利用する。

(2) $2^n-2^{n-1}=2^{n-1}(2-1)$]

51 (1) $a_n=2n-6$

(2) $\dfrac{4}{3}n(4n^2-12n+11)$

[(2) $\displaystyle\sum_{k=1}^{n}a_{2k}^2=\sum_{k=1}^{n}(4k-6)^2$]

52 (1) $\dfrac{1}{3}n(n+1)(4n+5)$

(2) n^2-2n+2 (3) $2n-4$

[(1) $\displaystyle\sum_{k=1}^{n}2k(2k+1)$

(2) $1+\displaystyle\sum_{k=1}^{n-1}(2k-1)$

(3) $n \geqq 2$ のとき

$a_n=S_n-S_{n-1}=(n^2-3n)-\{(n-1)^2-3(n-1)\}$,

$a_1=S_1=1^2-3\cdot1$]

53 (1) $\dfrac{1}{6}n(n+1)(2n+7)$

(2) $\dfrac{1}{6}n(n+1)(n+2)$

[(1) $\displaystyle\sum_{k=1}^{m}(2k+1)=2\cdot\dfrac{m(m+1)}{2}+m$

$=m^2+2m$ から $\displaystyle\sum_{m=1}^{n}(m^2+2m)$

(2) $\displaystyle\sum_{k=1}^{p}1=p$, $\displaystyle\sum_{p=1}^{m}p=\dfrac{m(m+1)}{2}$ から

$\displaystyle\sum_{m=1}^{n}\left(\dfrac{1}{2}m^2+\dfrac{1}{2}m\right)$]

54 順に

(1) $k(n+k)$, $\dfrac{1}{6}n(n+1)(5n+1)$

(2) $k^2(n-k+1)$, $\dfrac{1}{12}n(n+1)^2(n+2)$

(3) $\dfrac{1}{2}(3^k-1)$, $\dfrac{1}{4}(3^{n+1}-2n-3)$

(4) $\dfrac{1}{3}k(2k+1)(2k-1)$,

$\quad \dfrac{1}{6}n(n+1)(2n^2+2n-1)$

$\Bigl[$ (1) 和は $\displaystyle\sum_{k=1}^{n}(kn+k^2)=n\sum_{k=1}^{n}k+\sum_{k=1}^{n}k^2$

$=n\cdot\dfrac{1}{2}n(n+1)+\dfrac{1}{6}n(n+1)(2n+1)$

(3) 第 k 項は

$1+3+3^2+\cdots\cdots+3^{k-1}=\displaystyle\sum_{m=1}^{k}3^{m-1}=\dfrac{3^k-1}{3-1}$

初項から第 n 項までの和は

$\displaystyle\sum_{k=1}^{n}\Bigl(\dfrac{1}{2}\cdot3^k-\dfrac{1}{2}\Bigr)=\dfrac{1}{2}\cdot\dfrac{3(3^n-1)}{3-1}-\dfrac{1}{2}n$

(4) 第 k 項は

$1^2+3^2+\cdots\cdots+(2k-1)^2=\displaystyle\sum_{m=1}^{k}(2m-1)^2$

$=4\cdot\dfrac{1}{6}k(k+1)(2k+1)-4\cdot\dfrac{1}{2}k(k+1)+k$

初項から第 n 項までの和は

$\displaystyle\sum_{k=1}^{n}\Bigl(\dfrac{4}{3}k^3-\dfrac{1}{3}k\Bigr)$

$=\dfrac{4}{3}\cdot\Bigl\{\dfrac{1}{2}n(n+1)\Bigr\}^2-\dfrac{1}{3}\cdot\dfrac{1}{2}n(n+1)\Bigr]$

55 (1) $\dfrac{1}{6}(2n^3-9n^2+19n-6)$

(2) $\dfrac{1}{16}\{(-3)^{n-1}-28n+43\}$

$\Bigl[$ 階差数列を $\{b_n\}$, $\{b_n\}$ の階差数列を $\{c_n\}$

とすると (1) $c_n=2n-1$, $b_n=n^2-2n+2$

(2) $c_n=(-3)^{n-1}$, $b_n=-\dfrac{1}{4}\{7+(-3)^{n-1}\}\Bigr]$

56 (1) $\dfrac{n}{3n+1}$ (2) $\dfrac{2n}{n+1}$

$\Bigl[$ 第 k 項は (1) $\dfrac{1}{3}\Bigl(\dfrac{1}{3k-2}-\dfrac{1}{3k+1}\Bigr)$

(2) $2\Bigl(\dfrac{1}{k}-\dfrac{1}{k+1}\Bigr)\Bigr]$

57 (1) $\sqrt{n+3}-\sqrt{3}$

(2) $\sqrt{n+2}+\sqrt{n+1}-\sqrt{2}-1$

$\Bigl[$ (1) $\dfrac{1}{\sqrt{k+2}+\sqrt{k+3}}=\sqrt{k+3}-\sqrt{k+2}$ から

(与式)$=(\sqrt{4}-\sqrt{3})+(\sqrt{5}-\sqrt{4})+\cdots\cdots$

$\qquad +(\sqrt{n+3}-\sqrt{n+2})$

(2) $n\geqq2$ のとき

(与式)$=(\sqrt{3}-\sqrt{1})+(\sqrt{4}-\sqrt{2})$

$\qquad +(\sqrt{5}-\sqrt{3})+\cdots\cdots+(\sqrt{n+1}-\sqrt{n-1})$

$\qquad +(\sqrt{n+2}-\sqrt{n})\,]$

58 (1) $S=\dfrac{1+(2n-1)3^n}{4}$

(2) $S=\dfrac{9}{4}-\dfrac{2n+3}{4\cdot3^{n-1}}$

(3) $x=1$ のとき $S=\dfrac{1}{2}n(3n-1)$,

$\quad x\neq1$ のとき

$\qquad S=\dfrac{1+2x-(3n+1)x^n+(3n-2)x^{n+1}}{(1-x)^2}$

$\Bigl[$ (1) $S-3S=1+3+3^2+\cdots\cdots+3^{n-1}-n\cdot3^n$

(2) $S-\dfrac{1}{3}S=1+\dfrac{1}{3}+\dfrac{1}{3^2}+\cdots\cdots+\dfrac{1}{3^{n-1}}-\dfrac{n}{3^n}$

(3) $S-xS$

$=1+3(x+x^2+\cdots\cdots+x^{n-1})-(3n-2)x^n\,]$

59 (1) $\dfrac{1}{2}(n^2-n+2)$ (2) $\dfrac{1}{2}n(n^2+1)$

$\Bigl[$ (1) $n\geqq2$ のとき $\displaystyle\sum_{k=1}^{n-1}k+1$

(2) 初項 $\dfrac{1}{2}(n^2-n+2)$, 公差 1, 項数 n の等差

数列の和$]$

60 (1) 2^n-1 (2) $3\cdot4^{n-1}-2^n$ (3) 259

(4) 第 6 群の 8 番目

$[$ (1) 求める奇数は何項目かを考える $\longrightarrow$

第 $(n-1)$ 群までの奇数の個数を調べる。

(3) 第 8 群の最初の奇数は (1) から求められる。

(4) 77 が第 n 群に含まれるとすると

$2^n-1\leqq77<2^{n+1}-1]$

61 (1) $a_{m,1}=2m^2-1$, $a_{1,n}=2n^2-4n+3$

(2) $a_{10,8}=185$, $a_{8,10}=177$

(3) $m=4$, $n=8$

(4) $m\geqq n$ のとき $a_{m,n}=2m^2-2n+1$,

$\quad m<n$ のとき $a_{m,n}=2n^2-4n+2m+1$

$[$ (2) $a_{10,8}$ はまず $a_{10,1}$ を求め, 左から 8 番目 (た

だし, 減少するから注意)。

$a_{8,10}$ はまず $a_{1,10}$ を求め, 上から 8 番目。

(3) $2n^2-4n+3\leqq105<2(n+1)^2-4(n+1)+3$ か

ら $n=8$ $a_{1,8}=99$, $105=99+2(4-1)]$

62 $\dfrac{16200}{41}$

$\left[\dfrac{1}{2}\Big|\dfrac{1}{3},\dfrac{2}{3}\Big|\dfrac{1}{4},\dfrac{2}{4},\dfrac{3}{4}\Big|\dfrac{1}{5},\ \cdots\cdots\right]$ のように分け

る。第 800 項が第 n 群にあるとすると

$$\dfrac{1}{2}(n-1)n<800\leqq\dfrac{1}{2}n(n+1)$$

ゆえに，$n=40$

よって，第 800 項は第 40 群の 20 番目]

63 順に (1) 9, 23, 51, 107

(2) 0, 2, 5, 9

64 (1) $a_n=2n+1$ (2) $a_n=(-5)^{n-1}$

65 (1) $a_n=2n^2-2n+1$

(2) $a_n=\dfrac{1}{3}(4^n-1)$

66 $a_n=-2^n+3$

$\Big[$[1] $a_n-3=-2\cdot2^{n-1}$

[2] $a_n=1+\sum\limits_{k=1}^{n-1}(-2)\cdot2^{k-1}\Big]$

67 (1) $a_n=3^{n-1}+1$ (2) $a_n=3-2\left(\dfrac{1}{3}\right)^{n-1}$

$[$(1) $a_{n+1}-1=3(a_n-1)$

別解 $a_{n+2}-a_{n+1}=3(a_{n+1}-a_n)$

(2) $a_{n+1}-3=\dfrac{1}{3}(a_n-3)$

別解 $a_{n+2}-a_{n+1}=\dfrac{1}{3}(a_{n+1}-a_n)\Big]$

68 (1) $a_n=4^{n-1}$

(2) $a_n=\dfrac{1}{2}(-n^2+n+4)$

(3) $a_n=2\cdot4^{n-1}-1$

69 (1) $a_n=4\cdot3^{n-1}-2n-1$

(2) $a_n=2^n\cdot n$

(3) $a_n=3n-1$

$[$(1) $a_{n+1}=3a_n+4n$, $a_{n+2}=3a_{n+1}+4(n+1)$

から $a_{n+2}-a_{n+1}=3(a_{n+1}-a_n)+4$

(2) $a_{n+1}=2a_n+2^{n+1}$ の両辺を 2^{n+1} で割る。

(3) $na_{n+1}=(n+1)a_n+1$ の両辺を $n(n+1)$ で割る]

70 (1) $a_n=\dfrac{1}{2^{n+1}-3}$ (2) $a_n=\dfrac{3}{n+2}$

$\Big[$(1) $b_n=\dfrac{1}{a_n}$ とおくと $b_{n+1}=2b_n+3$

$b_{n+1}+3=2(b_n+3)$

(2) 逆数をとると $\dfrac{1}{a_{n+1}}=\dfrac{1}{3}+\dfrac{1}{a_n}$

$b_n=\dfrac{1}{a_n}$ とおくと $\{b_n\}$ は初項 1，公差 $\dfrac{1}{3}$ の等差

数列]

71 (1) $S_n=\left(\dfrac{5}{9}\right)^n$ (2) $\dfrac{5}{4}\left\{1-\left(\dfrac{5}{9}\right)^n\right\}$

$[$もとの正方形と 1 回この操作を行った後にでき

る正方形の面積の比は $1:\dfrac{5}{9}]$

72 $a_n=n^2-n+2$

$[n$ 個の円がかかれているとして，新たに $(n+1)$

個目の円 C_{n+1} をかくと，C_{n+1} は他の n 個の円と

$2n$ 個の点で交わる。

これらの交点で円 C_{n+1} は $2n$ 個の円弧に分れ，

これが新しい境界となって，分割された部分は

$2n$ 個だけ増える。

よって $a_{n+1}=a_n+2n]$

73 $a_n=2^n-1$

$[a_1=S_1=2a_1-1$ から $a_1=1$

$a_{n+1}=S_{n+1}-S_n=2a_{n+1}-2a_n-1$ から

$a_{n+1}=2a_n+1]$

74 (1) $a_n=\dfrac{2}{5}\{1-(-4)^{n-1}\}$

(2) $a_n=4^{n-1}$

(3) $a_n=3^n-2^n$

(4) $a_n=3^{n-1}(3-n)$

$[$(1) $a_{n+2}-a_{n+1}=-4(a_{n+1}-a_n)$

(2) $a_{n+2}-a_{n+1}=4(a_{n+1}-a_n)$

(3) 漸化式から

$a_{n+2}-2a_{n+1}=3(a_{n+1}-2a_n)\ \cdots\cdots$ ①

$a_{n+2}-3a_{n+1}=2(a_{n+1}-3a_n)\ \cdots\cdots$ ②

① から $a_{n+1}-2a_n=3^n\ \cdots\cdots$ ①′

② から $a_{n+1}-3a_n=2^n\ \cdots\cdots$ ②′

①′$-$②′ から $a_n=3^n-2^n$

(4) $a_{n+2}-3a_{n+1}=3(a_{n+1}-3a_n)$

から $a_{n+1}-3a_n=-3^n$

両辺を 3^{n+1} で割ると $\dfrac{a_{n+1}}{3^{n+1}}-\dfrac{a_n}{3^n}=-\dfrac{1}{3}$

$\dfrac{a_n}{3^n}=\dfrac{a_1}{3}-\dfrac{1}{3}(n-1)]$

75 (1) $a_n=10^{3^{n-1}}$ (2) $a_n=2^{\left(\frac{1}{2}\right)^{n-1}}$

$[$(1) 漸化式の両辺の常用対数をとると

$\log_{10}a_{n+1}=3\log_{10}a_n$

また $\log_{10}a_1=\log_{10}10=1$

よって $\log_{10}a_n=3^{n-1}$

(2) 漸化式の両辺の 2 を底とする対数をとると

$\log_2a_{n+1}=\dfrac{1}{2}\log_2a_n]$

76 (1) $a_n+b_n=8\cdot5^{n-1}$, $3a_n-b_n=0$

(2) $a_n=2\cdot5^{n-1}$, $b_n=6\cdot5^{n-1}$

[(1) $a_{n+1}+b_{n+1}=5(a_n+b_n)$, $a_1+b_1=8$ より
$3a_{n+1}-b_{n+1}=3a_n-b_n$ よって $3a_1-b_1=0$
(2) b_n を消去して $4a_n=8\cdot5^{n-1}$]

77 [$n=k$ のとき成り立つと仮定し，$n=k+1$ のときを考える。

(1) $\dfrac{1}{2}k(3k-1)+\{3(k+1)-2\}$

$=\dfrac{1}{2}(k+1)\{3(k+1)-1\}$

(2) $\dfrac{1}{9}(10^{k+1}-1)+10^{k+1}=\dfrac{1}{9}(10^{k+2}-1)$]

78 [$n=k$ のとき成り立つと仮定し，$n=k+1$ のときを考える。

$\dfrac{1}{6}k(k+1)(4k+5)+(k+1)\{2(k+1)+1\}$

$=\dfrac{1}{6}(k+1)(k+2)(4k+9)$]

79 [(1) $3^{k+3}-\{10(k+1)+12\}$ の符号を調べる。
(2) $(1-x)^{k+1}\geqq(1-kx)(1-x)$
$=1-(k+1)x+kx^2\geqq1-(k+1)x$]

80 [$(k+2)(k+3)\cdots\cdots(2k+1)\cdot\{2(k+1)\}$
$=2^k\cdot1\cdot3\cdot5\cdots\cdots(2k-1)\times(2k+1)\times2$
$=2^{k+1}\cdot1\cdot3\cdot5\cdots\cdots(2k-1)\cdot\{2(k+1)-1\}$]

81 [$k^3+(k+1)^3+(k+2)^3=9l$ （l は自然数）と仮定すると
$(k+1)^3+(k+2)^3+(k+3)^3$
$=9l-k^3+(k+3)^3=9(l+k^2+3k+3)$]

82 [$3^{k+1}+4^{2k-1}=13l$ （l は自然数）と仮定すると
$3^{(k+1)+1}+4^{2(k+1)-1}=3\cdot3^{k+1}+16\cdot4^{2k-1}$
$=3(3^{k+1}+4^{2k-1})+13\cdot4^{2k-1}=13(3l+4^{2k-1})$]

83 (1) $a_2=-3$, $a_3=-5$, $a_4=-7$
(2) $a_n=-2n+1$
[(2) $a_k=-2k+1$ と仮定すると
$a_{k+1}=(-2k+1)^2+2k(-2k+1)-2$
$=-2(k+1)+1$]

84 $n=1$, 2 のとき $3^n<5n+1$ ；
$n\geqq3$ のとき $3^n>5n+1$

85 [$n=k$ のとき，A を整式として
$x^k-kx+k-1=(x-1)^2A$ と仮定する。
$n=k+1$ のとき
$x^{k+1}-(k+1)x+k=x\cdot x^k-(k+1)x+k$
$=x\{(x-1)^2A+kx-k+1\}-(k+1)x+k$
$=(x-1)^2(Ax+k)$]

86 [$(1+\sqrt{2})^{k+1}=(a+b\sqrt{2})(1+\sqrt{2})$
$=(a+2b)+(a+b)\sqrt{2}$
$a+2b$, $a+b$ は自然数]

87 [$x+y=p$, $xy=q$ （p, q は整数）とする。
[1] $x+y=p$, $x^2+y^2=p^2-2q$ であるから，
$n=1$, 2 のとき x^n+y^n は整数。
[2] $n=k-1$, k （k は自然数，$k\geqq2$）のとき成り立つと仮定すると，$n=k+1$ のとき
$x^{k+1}+y^{k+1}$
$=(x^k+y^k)(x+y)-xy(x^{k-1}+y^{k-1})$
$=(x^k+y^k)p-q(x^{k-1}+y^{k-1})$]

88 [k は整数とする。
$n=2k$ のとき $3n^2-n=2(6k^2-k)$
$n=2k+1$ のとき $3n^2-n=2(6k^2+5k+1)$]

89 [(1) $n^2+3n=n(n+1)+2n$
(2) $4n^3+3n^2+2n=n(n+1)(n+2)+3n^3$]

90 [$(5+1)^n=5(_nC_0\cdot5^{n-1}+_nC_1\cdot5^{n-2}$
$+\cdots\cdots+_nC_{n-1})+1$
よって，$(5+1)^n$ は整数 k を用いて
$(5+1)^n=5k+1$ と表される。
ゆえに $6^n+4=5(k+1)$]

91 7
[初項 a，公差 d，正しい和を S とすると
$S=\dfrac{n}{2}\{2a+(n-1)d\}$

A さんの計算結果から
$\dfrac{n}{2}\{2a-(n-1)d\}=-\dfrac{4}{5}S$

B さんの計算結果から
$\dfrac{n}{2}\{2d+(n-1)a\}=\dfrac{3}{5}S$]

92 $a_n=\dfrac{1}{9}(10^n-1)$,

$S_n=\dfrac{1}{81}(10^{n+1}-9n-10)$

[$a_n=1+10+10^2+\cdots\cdots+10^{n-1}$]

93 (1) $r=3$ (2) $c_n=\dfrac{n+1}{3^{n-1}}$

[(1) $\{a_n\}$ の初項を a，公差を d とし，$\{b_n\}$ の初項を b とすると $a=2b$ …… ①，
$a+d=br$ …… ②，
$9(a+2d)=4br^2$ …… ③
①，② から $d=b(r-2)$ …… ④
①，④ を ③ に代入して $9b(r-1)=2br^2$
$b_n\neq0$ であるから $b\neq0$
よって $2r^2-9r+9=0$
(2) $r=3$，④ から $d=b$
これと ① から $a_n=a+(n-1)d$
$=2b+(n-1)b=(n+1)b$
また $b_n=b\cdot3^{n-1}$]

94 $p_n=\dfrac{1}{2}\left\{1+\left(\dfrac{1}{3}\right)^n\right\}$

[$(n+1)$ 回投げたときの点数が偶数になるという事象は，次の事象 [1]，[2] の和事象であり，これらの事象は互いに排反である。

[1] n 回投げたときの点数が偶数で，$(n+1)$ 回目に裏が出る。

[2] n 回投げたときの点数が奇数で，$(n+1)$ 回目に表が出る。

よって $p_{n+1}=p_n\cdot\dfrac{2}{3}+(1-p_n)\cdot\dfrac{1}{3}$

また $p_1=1-\dfrac{1}{3}=\dfrac{2}{3}$]

95 (1) 初項 31，公差 30，項数 33 の等差数列

(2) 16863

[共通の数は $30k+1$ の形]

96 $a_n=n$

[$n\le k$ (k は自然数) のとき成り立つと仮定すると

$a_n=n$ $(n\le k)$

$n=k+1$ を考えると，関係式から

$(1+2+\cdots\cdots+k+a_{k+1})^2$

$=1^3+2^3+\cdots\cdots+k^3+a_{k+1}{}^3$ $\cdots\cdots$ Ⓐ

(左辺) $=(1+2+\cdots\cdots+k)^2$

$\qquad\qquad +2(1+2+\cdots\cdots+k)a_{k+1}+a_{k+1}{}^2$

$=1^3+2^3+\cdots\cdots+k^3+k(k+1)a_{k+1}+a_{k+1}{}^2$

であるから，Ⓐ より

$k(k+1)a_{k+1}+a_{k+1}{}^2=a_{k+1}{}^3$

ゆえに $a_{k+1}(a_{k+1}+k)\{a_{k+1}-(k+1)\}=0$

$a_{k+1}>0$ であるから $a_{k+1}=k+1$]

97

X	1	2	3	4	5	6	計
P	$\dfrac{1}{36}$	$\dfrac{3}{36}$	$\dfrac{5}{36}$	$\dfrac{7}{36}$	$\dfrac{9}{36}$	$\dfrac{11}{36}$	1

98 (1)

X	0	1	2	3	計
P	$\dfrac{1}{8}$	$\dfrac{3}{8}$	$\dfrac{3}{8}$	$\dfrac{1}{8}$	1

(2) $\dfrac{1}{2}$

99 (1)

X	10000	5000	1000	500	0	計
P	$\dfrac{1}{1000}$	$\dfrac{1}{100}$	$\dfrac{3}{100}$	$\dfrac{1}{10}$	$\dfrac{859}{1000}$	1

(2) $\dfrac{41}{1000}$

100

X	0	1	2	計
P	$\dfrac{1}{5}$	$\dfrac{3}{5}$	$\dfrac{1}{5}$	1

[$X=0$ のとき ${}_4C_3$，

$X=1$ のとき ${}_4C_2\times{}_2C_1$，

$X=2$ のとき ${}_4C_1\times{}_2C_2$]

101 (1)

X	1	2	3	4	5	6	計
P	$\dfrac{1}{216}$	$\dfrac{7}{216}$	$\dfrac{19}{216}$	$\dfrac{37}{216}$	$\dfrac{61}{216}$	$\dfrac{91}{216}$	1

(2) $\dfrac{13}{24}$

[$P(X=k)=\dfrac{k^3-(k-1)^3}{6^3}$

ただし，$k=1,\ 2,\ \cdots\cdots,\ 6$]

102 (1) $\dfrac{13}{6}$ (2) $\dfrac{35}{36}$ (3) $\dfrac{\sqrt{35}}{6}$

103 (1) 6 (2) 分散 10，標準偏差 $\sqrt{10}$

104 期待値 1，分散 $\dfrac{2}{3}$，標準偏差 $\dfrac{\sqrt{6}}{3}$

[$P(X=0)={}_3C_0\left(\dfrac{1}{3}\right)^0\left(\dfrac{2}{3}\right)^3$ など。

参考 後で学ぶ二項分布を用いてもよい]

105 期待値 $\dfrac{2}{5}$，分散 $\dfrac{144}{475}$

[$P(X=0)=\dfrac{{}_2C_0\times{}_{18}C_4}{{}_{20}C_4}$ など]

106 (1) $\dfrac{4}{7}$ (2) $\dfrac{50}{147}$ (3) $\dfrac{5\sqrt{6}}{21}$

107 期待値 4，分散 $\dfrac{2}{3}$

[X のとりうる値は 3，4，5，6

$P(X=3)={}_3C_0\left(\dfrac{1}{3}\right)^0\left(\dfrac{2}{3}\right)^3$ など]

108 期待値 4，分散 $\dfrac{9}{5}$

[X のとりうる値は 2，3，4，5，6

$P(X=2)=\dfrac{{}_2C_2\times{}_2C_0\times{}_1C_0}{{}_5C_2}$ など]

109 $p=\dfrac{3}{25}$，$q=\dfrac{8}{25}$

[条件から $1\cdot p+2q+3p+4q+5q=\dfrac{16}{5}$

一方 $p+q+p+p+q=1$]

110

X	0	1	2	計
P	$\dfrac{1}{4}$	$\dfrac{1}{2}$	$\dfrac{1}{4}$	1

$[P(X=0)=a,\ P(X=1)=b,\ P(X=2)=c$
とおいて，条件を $a,\ b,\ c$ の式で表す$]$

111 期待値1，分散45，標準偏差 $3\sqrt{5}$

112 期待値，分散，標準偏差の順に

(1) $\dfrac{11}{2},\ \dfrac{35}{12},\ \dfrac{\sqrt{105}}{6}$

(2) $\dfrac{19}{2},\ \dfrac{105}{4},\ \dfrac{\sqrt{105}}{2}$

(3) $-\dfrac{1}{2},\ \dfrac{35}{12},\ \dfrac{\sqrt{105}}{6}$

$\left[E(X)=\dfrac{7}{2},\ V(X)=\dfrac{35}{12},\ \sigma(X)=\dfrac{\sqrt{105}}{6}\right]$

113 期待値，標準偏差の順に

(1) 0，1　(2) 50，10

$\left[(1)\ \ Y=\dfrac{1}{\sigma}X-\dfrac{m}{\sigma}\right]$

114 期待値 $\dfrac{7}{5}$，分散 $\dfrac{36}{25}$，標準偏差 $\dfrac{6}{5}$

$\Big[P(X=0)=\dfrac{{}_2C_0\times{}_3C_2}{{}_5C_2}=\dfrac{3}{10},$

$P(X=1)=\dfrac{{}_2C_1\times{}_3C_1}{{}_5C_2}=\dfrac{6}{10},$

$P(X=2)=\dfrac{{}_2C_2\times{}_3C_0}{{}_5C_2}=\dfrac{1}{10}$

よって

$E(X)=\dfrac{4}{5},\ V(X)=\dfrac{9}{25},\ \sigma(X)=\dfrac{3}{5}\Big]$

115 $a=\dfrac{1}{2},\ b=-\dfrac{5}{2}$

$[E(Y)=aE(X)+b,\ \sigma(Y)=|a|\sigma(X)$
から $5a+b=0,\ 2a=1]$

116 (1) $Y=5X-6$

(2) 期待値 $\dfrac{3}{2}$，分散 $\dfrac{75}{4}$

$[(1)\ \ Y=3X-2(3-X)$

(2) $E(X)=\dfrac{3}{2},\ V(X)=\dfrac{3}{4}]$

117

X＼Y	0	1	2	計
0	$\dfrac{1}{16}$	$\dfrac{1}{8}$	$\dfrac{1}{16}$	$\dfrac{1}{4}$
1	$\dfrac{1}{8}$	$\dfrac{1}{4}$	$\dfrac{1}{8}$	$\dfrac{1}{2}$
2	$\dfrac{1}{16}$	$\dfrac{1}{8}$	$\dfrac{1}{16}$	$\dfrac{1}{4}$
計	$\dfrac{1}{4}$	$\dfrac{1}{2}$	$\dfrac{1}{4}$	1

118 (1) 500　(2) 550　(3) 555

119

X＼Y	0	1	計
0	$\dfrac{42}{143}$	$\dfrac{18}{143}$	$\dfrac{60}{143}$
1	$\dfrac{54}{143}$	$\dfrac{27}{286}$	$\dfrac{135}{286}$
2	$\dfrac{27}{286}$	$\dfrac{3}{286}$	$\dfrac{15}{143}$
3	$\dfrac{1}{286}$	0	$\dfrac{1}{286}$
計	$\dfrac{10}{13}$	$\dfrac{3}{13}$	1

120 $\dfrac{3}{5}$

$[$A，B の当たる本数を X，Y とすると

$P(X=0)=\dfrac{7}{10},\ P(X=1)=\dfrac{3}{10},$

$P(Y=0)=\dfrac{7}{10},\ P(Y=1)=\dfrac{3}{10}$

よって　$E(X)=E(Y)=0\cdot\dfrac{7}{10}+1\cdot\dfrac{3}{10}=\dfrac{3}{10}]$

121 $\Big[P(X=0)=P(X=2)=\dfrac{1}{4},\ P(X=1)=\dfrac{2}{4},$

$P(Y=b)=\dfrac{1}{6}\ (b=1,\ 2,\ \cdots\cdots,\ 6)\Big]$

122 (1) 独立　(2) 従属　(3) 独立

123 $\dfrac{7}{4}$

124 期待値，分散の順に

(1) 1，8　(2) 1，47　(3) 4，17

125 期待値 $\dfrac{7}{2}$，分散 $\dfrac{175}{12}$，

標準偏差 $\dfrac{5\sqrt{21}}{6}$

126 (1) $\dfrac{2}{3}$　(2) $\dfrac{1}{2}$

$[(2)$ 求める確率は $P(A\cap\overline{B})+P(\overline{A}\cap B)]$

127 64

$[$どのさいころも出る目の期待値は $4]$

128 (1)

X	11	12	13	21	22	23
P	$\dfrac{1}{36}$	$\dfrac{2}{36}$	$\dfrac{3}{36}$	$\dfrac{2}{36}$	$\dfrac{4}{36}$	$\dfrac{6}{36}$

31	32	33	計
$\dfrac{3}{36}$	$\dfrac{6}{36}$	$\dfrac{9}{36}$	1

(2) 期待値 $\dfrac{77}{3}$，分散 $\dfrac{505}{9}$

[(2) 1回目，2回目に出た目の数を，それぞれ Y，Z とすると

$E(X) = E(10Y + Z) = 10E(Y) + E(Z)$,

$E(Y) = E(Z) = \dfrac{7}{3}$

また $V(X) = 10^2 V(Y) + V(Z)$,

$V(Y) = V(Z) = \dfrac{5}{9}$]

129 平均，分散，標準偏差の順に

(1) 4, 2, $\sqrt{2}$　(2) $\dfrac{5}{4}$, $\dfrac{15}{16}$, $\dfrac{\sqrt{15}}{4}$

(3) 8, $\dfrac{8}{3}$, $\dfrac{2\sqrt{6}}{3}$

130 (1) $B\left(5, \dfrac{1}{3}\right)$　(2) $B\left(8, \dfrac{1}{2}\right)$

(3) $B\left(8, \dfrac{1}{4}\right)$

131 期待値 2, 分散 $\dfrac{99}{50}$, 標準偏差 $\dfrac{3\sqrt{22}}{10}$

132 期待値 $\dfrac{27}{5}$, 分散 $\dfrac{54}{25}$, 標準偏差 $\dfrac{3\sqrt{6}}{5}$

133 期待値 3, 標準偏差 $\dfrac{\sqrt{210}}{10}$

[Xは二項分布 $B\left(10, \dfrac{3}{10}\right)$ に従う]

134 期待値 $\dfrac{5}{2}a$, 分散 $\dfrac{15}{8}a^2$

[$X = aY$ とすると，Yは二項分布

$B\left(10, \dfrac{1}{4}\right)$ に従う]

135 順に　(1) $\dfrac{1}{2}$, $\dfrac{1}{2}$　(2) 0.16, 0.6

136 (1) $E(X) = 1$, $V(X) = \dfrac{1}{3}$,

$\sigma(X) = \dfrac{\sqrt{3}}{3}$

(2) $E(X) = \dfrac{2}{3}$, $V(X) = \dfrac{1}{18}$, $\sigma(X) = \dfrac{\sqrt{2}}{6}$

137 (1) 0.1587　(2) 0.6915　(3) 0.8185

[(1) $0.5 - P(0 \leqq Z \leqq 1) = 0.5 - 0.3413$

(2) $0.5 + P(0 \leqq Z \leqq 0.5) = 0.5 + 0.1915$

(3) $P(-1 \leqq Z \leqq 0) + P(0 \leqq Z \leqq 2)$

$= 0.3413 + 0.4772$]

138 (1) 0.1151　(2) 0.5670

139 (1) 0.0228

(2) 0.0228

(3) 0.9544

[Xは二項分布 $B(2500, 0.02)$ に従う。

X は $N(50, 7^2)$ で近似できる。

(1) $P(Z \geqq 2)$　(2) $P(Z \leqq -2)$

(3) $1 - 0.0228 - 0.0228$]

140 (1) $a = \dfrac{1}{4}$　(2) $a = \dfrac{3}{4}$

[(2) $\displaystyle\int_0^2 ax(2-x)dx = 1$]

141 (1) $a = 20$

(2) $a = 22.5$

(3) $a = 7.5$

(4) $a = 11$

[$Z = \dfrac{X-10}{5}$ とすると

(1) $P(10 \leqq X \leqq a) = P\left(0 \leqq Z \leqq \dfrac{a-10}{5}\right) = 0.4772$

よって　$\dfrac{a-10}{5} = 2$

(2) $P(X \geqq a) < 0.5$ から　$\dfrac{a-10}{5} > 0$

$P(X \geqq a) = P\left(Z \geqq \dfrac{a-10}{5}\right)$

$= 0.5 - P\left(0 \leqq Z \leqq \dfrac{a-10}{5}\right)$]

142 (1) $k = 2.75$

(2) $k = 2.41$

(3) $k = 1.17$

[標準正規分布で考えると

$P(|Z| \geqq k) = 2\{0.5 - P(0 \leqq Z \leqq k)\}$]

143 (1) 約 95 %

(2) 0.0918

[(1) $P(55 \leqq X \leqq 85) = P(-2 \leqq Z \leqq 2)$

$= 2 \times 0.4772$

(2) $\dfrac{80-70}{7.5} \fallingdotseq 1.33$, $0.5 - 0.4082$]

144 国語

[国語の得点は $N(57.6, 10.3^2)$ に従い，英語の得点は $N(81.8, 5.7^2)$ に従う。

$N(0, 1)$ の得点に直してみると，国語の得点 75 点は約 1.69，英語の得点 88 点は約 1.09]

145 (1) 標本調査

(2) 全数調査

(3) 標本調査

146 (1)

X	1	2	3	計
P	$\dfrac{2}{10}$	$\dfrac{3}{10}$	$\dfrac{5}{10}$	1

(2) $m = \dfrac{23}{10}$, $\sigma^2 = \dfrac{61}{100}$, $\sigma = \dfrac{\sqrt{61}}{10}$

147 (1)　AA, AB, AC, AD, AE,
　　　BA, BB, BC, BD, BE,
　　　CA, CB, CC, CD, CE,
　　　DA, DB, DC, DD, DE,
　　　EA, EB, EC, ED, EE
　(2)　AB, AC, AD, AE,
　　　BA, BC, BD, BE,
　　　CA, CB, CD, CE,
　　　DA, DB, DC, DE,
　　　EA, EB, EC, ED
　(3)　AB, AC, AD, AE, BC, BD,
　　　BE, CD, CE, DE

148　母集団分布

X	1	2	3	4	5	計
P	$\dfrac{2}{20}$	$\dfrac{3}{20}$	$\dfrac{4}{20}$	$\dfrac{5}{20}$	$\dfrac{6}{20}$	1

$m=\dfrac{7}{2},\ \sigma=\dfrac{\sqrt{7}}{2}$

149　期待値 59.8 kg, 標準偏差 1.38 kg

150　確率分布

X	20	30	40	50	60
P	$\dfrac{1}{100}$	$\dfrac{5}{100}$	$\dfrac{11}{100}$	$\dfrac{19}{100}$	$\dfrac{29}{100}$

70	80	90	100	計
$\dfrac{17}{100}$	$\dfrac{12}{100}$	$\dfrac{5}{100}$	$\dfrac{1}{100}$	1

1 人：期待値 60 分, 標準偏差 $5\sqrt{10}$ 分,

4 人：期待値 60 分, 標準偏差 $\dfrac{5\sqrt{10}}{2}$ 分,

16 人：期待値 60 分, 標準偏差 $\dfrac{5\sqrt{10}}{4}$ 分

151　0.9544
$\Big[$標本平均 $\overline{X}$ は $N\Big(165,\ \dfrac{1}{4}\Big)$ に従う。
$P(164\leqq\overline{X}\leqq166)=P(-2\leqq Z\leqq2)=2\times0.4772\Big]$

152　期待値 2.7, 標準偏差 0.09
　[母平均 2.7, 母標準偏差 0.9]

153　0.03607
[50 名の平均点 $\overline{X}$ は近似的に $N(60,\ 8)$ に従う。
$P(65\leqq\overline{X}\leqq68)\fallingdotseq P(1.77\leqq Z\leqq2.83)$
$=0.49767-0.4616$]

154　0.5762
[R は, 近似的に $N(0.5,\ 0.025^2)$ に従う。
$Z=\dfrac{R-0.5}{0.025}$ とおくと　$P(0.48\leqq R\leqq0.52)$

$=P(-0.8\leqq Z\leqq0.8)=2p(0.8)$]

155　(1)　0.6826　(2)　0.9544　(3)　0.9973

156　16 粒
$\Big[$標本平均の標準偏差は　$\dfrac{0.2}{\sqrt{n}}\leqq0.05\Big]$

157　9700 以上
$\Big[m=\dfrac{n}{2},\ \sigma=\dfrac{\sqrt{n}}{2},\ Z=\dfrac{X-m}{\sigma}$ とすると,

$P\Big(\Big|\dfrac{X}{n}-\dfrac{1}{2}\Big|\leqq0.01\Big)=P(|Z|\leqq0.02\sqrt{n})$

$=2p(0.02\sqrt{n})$ から　$p(0.02\sqrt{n})\geqq0.475$
また, $p(u)=0.475$ となる u は　$u=1.96$]

158　[55.8, 60.8]　ただし, 単位は点

159　[198.93, 201.07]　ただし, 単位は g
$\Big[1.96\times\dfrac{\sqrt{\dfrac{8}{3}}}{\sqrt{9}}\fallingdotseq1.07\Big]$

160　[0.026, 0.054]
$\Big[R=\dfrac{32}{800},\ n=800$ から

$1.96\sqrt{\dfrac{R(1-R)}{n}}\fallingdotseq0.014\Big]$

161　(1)　[30.08, 30.32]　ただし, 単位は kg
　(2)　[0.011, 0.029]
$\Big[(1)\ \ 1.96\times\dfrac{1.21}{\sqrt{400}}\fallingdotseq0.12$

$(2)\ \ 1.96\sqrt{\dfrac{0.02\times0.98}{900}}\fallingdotseq0.009\Big]$

162　130 人以上
[n 人以上調査する必要があるとすると

$2\times\Big(1.96\times\dfrac{5.8}{\sqrt{n}}\Big)\leqq2\Big]$

163　順に　217 枚以上, 865 枚以上
$\Big[1.96\times\dfrac{15}{\sqrt{n}}\leqq2,\ 1.96\times\dfrac{15}{\sqrt{n}}\leqq1\Big]$

164　1825 以上

165　4910 人以上 5890 人以下
　[母比率の範囲は
$0.54-0.049\leqq p\leqq0.54+0.049$]

166　①, ③

167　表と裏の出方に偏りがあるとは判断できない

168　視聴率は従来よりも上がったとは判断できない
　[棄却域は $Z\geqq1.64$]

169　1 袋あたりの重さは表示通りでないと判断してよい

170　両選手の力に差があるとは判断できない

171 期待値, 分散の順に

(1) $\dfrac{6}{5}$, $\dfrac{32}{75}$ (2) $\dfrac{6}{5}$, $\dfrac{12}{25}$

172 (1) $\dfrac{2(k-1)}{n(n-1)}$

(2) 期待値 $\dfrac{2(n+1)}{3}$, 分散 $\dfrac{(n+1)(n-2)}{18}$

$\Big[$(2) $E(X)=\dfrac{2}{n(n-1)}\displaystyle\sum_{k=1}^{n}(k^2-k)$,

$E(X^2)=\dfrac{2}{n(n-1)}\displaystyle\sum_{k=1}^{n}(k^3-k^2)$,

$\displaystyle\sum_{k=1}^{n}(k^3-k^2)=\dfrac{1}{12}n(n-1)(n+1)(3n+2)\Big]$

173 期待値 12, 標準偏差 $\dfrac{2\sqrt{30}}{5}$

$\Big[$1 回の勝負で A が勝つ確率は $\dfrac{3}{5}\Big]$

174 (1) $\dfrac{2k}{n(n+1)}$

(2) 期待値 $\dfrac{2n+1}{3}$, 分散 $\dfrac{(n+2)(n-1)}{18}$

$\Big[N=1+2+\cdots\cdots+n=\dfrac{1}{2}n(n+1)$ とおく。

(1) $\dfrac{k}{N}$ (2) $E(X)=\displaystyle\sum_{k=1}^{n}\{k\cdot P(X=k)\}$,

$E(X^2)=\displaystyle\sum_{k=1}^{n}\{k^2\cdot P(X=k)\}=\dfrac{1}{2}n(n+1)\Big]$

175 (1) 期待値 1155.2 標準偏差 7.6

(2) 0.0228

$[$(1) Y は二項分布 $B(1216, 0.95)$ に従う$]$

176 (1) 0.0228

(2) 484 本

$[$(1) 100 本取り出すときの標本平均は

$N(5.158, 0.011^2)$ に従う。

$P\Big(Z\geqq\dfrac{5.180-5.158}{0.011}\Big)=P(Z\geqq2)=0.5-0.4772$

(2) $\dfrac{0.1100}{\sqrt{n}}\leqq0.005\Big]$

177 (1) 0.0571

(2) 789

$\Big[m=800,\ \sigma=4\sqrt{10},\ Z=\dfrac{X-800}{4\sqrt{10}}$ とおく。

(1) $P\Big(Z\geqq\dfrac{\sqrt{10}}{2}\Big)$

(2) $0.8=0.5+0.3$, $P(0\leqq Z\leqq0.84)\fallingdotseq0.3$ から

$P(Z\geqq-0.84)\fallingdotseq0.8$

$P(X\geqq n)\geqq0.8$ を満たす n は

$\dfrac{n-800}{4\sqrt{10}}\leqq-0.84$ から $n\leqq789.37\cdots\cdots\Big]$

178 100 個以上

$[$1 の目が出る個数を X とすると, X は二項分布

$B\Big(n, \dfrac{1}{6}\Big)$ に従う。

獲得金額の期待値について

$E(60X)\geqq1000$ であればよい$]$

179 (1) 評点 1 は 3 人, 評点 2 は 11 人,

評点 3 は 17 人, 評点 4 は 11 人,

評点 5 は 3 人

(2) 評点 4

$[$(1) x は $N(m, \sigma^2)$ に従うから,

$Z=\dfrac{x-m}{\sigma}$ とおくと, Z は $N(0, 1)$ に従う。

評点 1 と 5 $P(Z<-1.5)=P(1.5<Z)$

$=0.5-0.4332=0.0668$

$45\times0.0668=3.006$

評点 2 と 4 $P(-1.5\leqq Z\leqq-0.5)$

$=P(0.5\leqq Z\leqq1.5)=0.4332-0.1915$

$=0.2417$

$45\times0.2417=10.8765$

評点 3 $P(-0.5\leqq Z\leqq0.5)=2\times0.1915$

$=0.3830$

$45\times0.3830=17.235$

(2) $0.5\sigma=10$, $1.5\sigma=30$ であるから

$m+0.5\sigma=72$, $m+1.5\sigma=92$

よって $m+0.5\sigma<85<m+1.5\sigma]$

総合問題（$p.152$, 153）の答と略解

1 (1) $p_k = \dfrac{2}{3}p_{k-1} + \dfrac{1}{3}p_{k+1}$

(2) $p_k = 1 + (p_2 - 1)(2^{k-1} - 1)$

(3) $p_k = \dfrac{2^{N-2} - 2^{k-1}}{2^{N-2} - 1}$

(4) ①

[(1) Aさんの持っているコインが k 枚
$(2 \leqq k \leqq N-2)$ のとき，次のゲームに負けて，その後1枚になるときの確率は $\dfrac{2}{3}p_{k-1}$，次のゲームに勝って，その後1枚になるときの確率は $\dfrac{1}{3}p_{k+1}$

(3) (2)で求めた $p_k = 1 + (p_2 - 1)(2^{k-1} - 1)$ に $k = N-1$ を代入すると，$p_{N-1} = 0$ より
$0 = 1 + (p_2 - 1)(2^{N-2} - 1)$

ゆえに　$p_2 - 1 = -\dfrac{1}{2^{N-2} - 1}$

(4) (3)の結果より，m の値が増加すると p_m の値は減少する。

すなわち　$p_2 > p_3 > \cdots\cdots > p_{N-2}$

ここで，p_{N-2} と $\dfrac{1}{2}$ の大小を調べる]

2 (1) p　(2) $a_{n+1} = 3a_n + 3$

(3) p を素数とすればよい

$\Big[$(2) $a_{n+1} = \Big(p + \dfrac{3}{2}\Big) \cdot 3^n - \dfrac{3}{2}$,

$3a_n = \Big(p + \dfrac{3}{2}\Big) \cdot 3^n - \dfrac{9}{2}$

(3) $a_1 = p$, $a_{n+1} = 3a_n + 3 = 3(a_n + 1)$
p は正の整数であるから，漸化式の形から帰納的に $n \geqq 2$ を満たすすべての自然数 n に対して，a_n は3より大きい3の倍数である。
よって，数列 a_2, a_3, a_4, $\cdots\cdots$ の中に素数は1つも現れない]

3 (1) ②　(2) ②

[(1) 抽出した個数を n 個，重さの標本平均を $\overline{x}$，母標準偏差を σ とする。

このとき，信頼度95%で推定したときの信頼区間は $\Big[\overline{x} - 1.96 \cdot \dfrac{\sigma}{\sqrt{n}}, \ \overline{x} + 1.96 \cdot \dfrac{\sigma}{\sqrt{n}}\Big]$

よって　$p = \overline{x} - 1.96 \cdot \dfrac{\sigma}{\sqrt{n}}$, $q = \overline{x} + 1.96 \cdot \dfrac{\sigma}{\sqrt{n}}$

仮説検定において，無作為抽出した n 袋について，重さの標本平均を $\overline{X}$ とする。

$\overline{X} = \overline{x}$ のとき，$\dfrac{\overline{x} - 500}{\dfrac{\sigma}{\sqrt{n}}}$ が有意水準5%の棄却域に入るかどうかを調べる。

(2) $0 < \alpha < 0.05$ より，有意水準 α の棄却域は，有意水準5%の棄却域に含まれている。

(1)より，$\overline{X} = \overline{x}$ のとき，$\dfrac{\overline{x} - 500}{\dfrac{\sigma}{\sqrt{n}}}$ は有意水準5%の棄却域に入らないから，有意水準 α の棄却域にも入らない]

平方・立方・平方根の表

n	n^2	n^3	$\sqrt{n}$	$\sqrt{10n}$	n	n^2	n^3	$\sqrt{n}$	$\sqrt{10n}$
1	1	1	1.0000	3.1623	51	2601	132651	7.1414	22.5832
2	4	8	1.4142	4.4721	52	2704	140608	7.2111	22.8035
3	9	27	1.7321	5.4772	53	2809	148877	7.2801	23.0217
4	16	64	2.0000	6.3246	54	2916	157464	7.3485	23.2379
5	25	125	2.2361	7.0711	55	3025	166375	7.4162	23.4521
6	36	216	2.4495	7.7460	56	3136	175616	7.4833	23.6643
7	49	343	2.6458	8.3666	57	3249	185193	7.5498	23.8747
8	64	512	2.8284	8.9443	58	3364	195112	7.6158	24.0832
9	81	729	3.0000	9.4868	59	3481	205379	7.6811	24.2899
10	100	1000	3.1623	10.0000	60	3600	216000	7.7460	24.4949
11	121	1331	3.3166	10.4881	61	3721	226981	7.8102	24.6982
12	144	1728	3.4641	10.9545	62	3844	238328	7.8740	24.8998
13	169	2197	3.6056	11.4018	63	3969	250047	7.9373	25.0998
14	196	2744	3.7417	11.8322	64	4096	262144	8.0000	25.2982
15	225	3375	3.8730	12.2474	65	4225	274625	8.0623	25.4951
16	256	4096	4.0000	12.6491	66	4356	287496	8.1240	25.6905
17	289	4913	4.1231	13.0384	67	4489	300763	8.1854	25.8844
18	324	5832	4.2426	13.4164	68	4624	314432	8.2462	26.0768
19	361	6859	4.3589	13.7840	69	4761	328509	8.3066	26.2679
20	400	8000	4.4721	14.1421	70	4900	343000	8.3666	26.4575
21	441	9261	4.5826	14.4914	71	5041	357911	8.4261	26.6458
22	484	10648	4.6904	14.8324	72	5184	373248	8.4853	26.8328
23	529	12167	4.7958	15.1658	73	5329	389017	8.5440	27.0185
24	576	13824	4.8990	15.4919	74	5476	405224	8.6023	27.2029
25	625	15625	5.0000	15.8114	75	5625	421875	8.6603	27.3861
26	676	17576	5.0990	16.1245	76	5776	438976	8.7178	27.5681
27	729	19683	5.1962	16.4317	77	5929	456533	8.7750	27.7489
28	784	21952	5.2915	16.7332	78	6084	474552	8.8318	27.9285
29	841	24389	5.3852	17.0294	79	6241	493039	8.8882	28.1069
30	900	27000	5.4772	17.3205	80	6400	512000	8.9443	28.2843
31	961	29791	5.5678	17.6068	81	6561	531441	9.0000	28.4605
32	1024	32768	5.6569	17.8885	82	6724	551368	9.0554	28.6356
33	1089	35937	5.7446	18.1659	83	6889	571787	9.1104	28.8097
34	1156	39304	5.8310	18.4391	84	7056	592704	9.1652	28.9828
35	1225	42875	5.9161	18.7083	85	7225	614125	9.2195	29.1548
36	1296	46656	6.0000	18.9737	86	7396	636056	9.2736	29.3258
37	1369	50653	6.0828	19.2354	87	7569	658503	9.3274	29.4958
38	1444	54872	6.1644	19.4936	88	7744	681472	9.3808	29.6648
39	1521	59319	6.2450	19.7484	89	7921	704969	9.4340	29.8329
40	1600	64000	6.3246	20.0000	90	8100	729000	9.4868	30.0000
41	1681	68921	6.4031	20.2485	91	8281	753571	9.5394	30.1662
42	1764	74088	6.4807	20.4939	92	8464	778688	9.5917	30.3315
43	1849	79507	6.5574	20.7364	93	8649	804357	9.6437	30.4959
44	1936	85184	6.6332	20.9762	94	8836	830584	9.6954	30.6594
45	2025	91125	6.7082	21.2132	95	9025	857375	9.7468	30.8221
46	2116	97336	6.7823	21.4476	96	9216	884736	9.7980	30.9839
47	2209	103823	6.8557	21.6795	97	9409	912673	9.8489	31.1448
48	2304	110592	6.9282	21.9089	98	9604	941192	9.8995	31.3050
49	2401	117649	7.0000	22.1359	99	9801	970299	9.9499	31.4643
50	2500	125000	7.0711	22.3607	100	10000	1000000	10.0000	31.6228

正規分布表

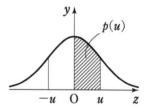

u	.00	.01	.02	.03	.04	.05	.06	.07	.08	.09
0.0	0.0000	0.0040	0.0080	0.0120	0.0160	0.0199	0.0239	0.0279	0.0319	0.0359
0.1	0.0398	0.0438	0.0478	0.0517	0.0557	0.0596	0.0636	0.0675	0.0714	0.0753
0.2	0.0793	0.0832	0.0871	0.0910	0.0948	0.0987	0.1026	0.1064	0.1103	0.1141
0.3	0.1179	0.1217	0.1255	0.1293	0.1331	0.1368	0.1406	0.1443	0.1480	0.1517
0.4	0.1554	0.1591	0.1628	0.1664	0.1700	0.1736	0.1772	0.1808	0.1844	0.1879
0.5	0.1915	0.1950	0.1985	0.2019	0.2054	0.2088	0.2123	0.2157	0.2190	0.2224
0.6	0.2257	0.2291	0.2324	0.2357	0.2389	0.2422	0.2454	0.2486	0.2517	0.2549
0.7	0.2580	0.2611	0.2642	0.2673	0.2704	0.2734	0.2764	0.2794	0.2823	0.2852
0.8	0.2881	0.2910	0.2939	0.2967	0.2995	0.3023	0.3051	0.3078	0.3106	0.3133
0.9	0.3159	0.3186	0.3212	0.3238	0.3264	0.3289	0.3315	0.3340	0.3365	0.3389
1.0	0.3413	0.3438	0.3461	0.3485	0.3508	0.3531	0.3554	0.3577	0.3599	0.3621
1.1	0.3643	0.3665	0.3686	0.3708	0.3729	0.3749	0.3770	0.3790	0.3810	0.3830
1.2	0.3849	0.3869	0.3888	0.3907	0.3925	0.3944	0.3962	0.3980	0.3997	0.4015
1.3	0.4032	0.4049	0.4066	0.4082	0.4099	0.4115	0.4131	0.4147	0.4162	0.4177
1.4	0.4192	0.4207	0.4222	0.4236	0.4251	0.4265	0.4279	0.4292	0.4306	0.4319
1.5	0.4332	0.4345	0.4357	0.4370	0.4382	0.4394	0.4406	0.4418	0.4429	0.4441
1.6	0.4452	0.4463	0.4474	0.4484	0.4495	0.4505	0.4515	0.4525	0.4535	0.4545
1.7	0.4554	0.4564	0.4573	0.4582	0.4591	0.4599	0.4608	0.4616	0.4625	0.4633
1.8	0.4641	0.4649	0.4656	0.4664	0.4671	0.4678	0.4686	0.4693	0.4699	0.4706
1.9	0.4713	0.4719	0.4726	0.4732	0.4738	0.4744	0.4750	0.4756	0.4761	0.4767
2.0	0.4772	0.4778	0.4783	0.4788	0.4793	0.4798	0.4803	0.4808	0.4812	0.4817
2.1	0.4821	0.4826	0.4830	0.4834	0.4838	0.4842	0.4846	0.4850	0.4854	0.4857
2.2	0.4861	0.4864	0.4868	0.4871	0.4875	0.4878	0.4881	0.4884	0.4887	0.4890
2.3	0.4893	0.4896	0.4898	0.4901	0.4904	0.4906	0.4909	0.4911	0.4913	0.4916
2.4	0.4918	0.4920	0.4922	0.4925	0.4927	0.4929	0.4931	0.4932	0.4934	0.4936
2.5	0.4938	0.4940	0.4941	0.4943	0.4945	0.4946	0.4948	0.4949	0.4951	0.4952
2.6	0.49534	0.49547	0.49560	0.49573	0.49585	0.49598	0.49609	0.49621	0.49632	0.49643
2.7	0.49653	0.49664	0.49674	0.49683	0.49693	0.49702	0.49711	0.49720	0.49728	0.49736
2.8	0.49744	0.49752	0.49760	0.49767	0.49774	0.49781	0.49788	0.49795	0.49801	0.49807
2.9	0.49813	0.49819	0.49825	0.49831	0.49836	0.49841	0.49846	0.49851	0.49856	0.49861
3.0	0.49865	0.49869	0.49874	0.49878	0.49882	0.49886	0.49889	0.49893	0.49897	0.49900

乱数表（1）

1	67 11	09 48	96 29	94 59	84 41	68 38	04 13	86 91	02 19	85 28
2	67 41	90 15	23 62	54 49	02 06	93 25	55 49	06 96	52 31	40 59
3	78 26	74 41	76 43	35 32	07 59	86 92	06 45	95 25	10 94	20 44
4	32 19	10 89	41 50	09 06	16 28	87 51	38 88	43 13	77 46	77 53
5	45 72	14 75	08 16	48 99	17 64	62 80	58 20	57 37	16 94	72 62
6	74 93	17 80	38 45	17 17	73 11	99 43	52 38	78 21	82 03	78 27
7	54 32	82 40	74 47	94 68	61 71	48 87	17 45	15 07	43 24	82 16
8	34 18	43 76	96 49	68 55	22 20	78 08	74 28	25 29	29 79	18 33
9	04 70	61 78	89 70	52 36	26 04	13 70	60 50	24 72	84 57	00 49
10	38 69	83 65	75 38	85 58	51 23	22 91	13 54	24 25	58 20	02 83
11	05 89	66 75	80 83	75 71	64 62	17 55	03 30	03 86	34 96	35 93
12	97 11	78 69	79 79	06 98	73 35	29 06	91 56	12 23	06 04	69 67
13	23 04	34 39	70 34	62 30	91 00	09 66	42 03	55 48	78 18	24 02
14	32 88	65 68	80 00	66 49	22 70	90 18	88 22	10 49	46 51	46 12
15	67 33	08 69	09 12	32 93	06 22	97 71	78 47	21 29	70 29	73 60
16	81 87	77 79	39 86	35 90	84 17	83 19	21 21	49 16	05 71	21 60
17	77 53	75 79	16 52	57 36	76 20	59 46	50 05	65 07	47 06	64 27
18	57 89	89 98	26 10	16 44	68 89	71 33	78 48	44 89	27 04	09 74
19	25 67	87 71	50 46	84 98	62 41	85 51	29 07	12 35	97 77	01 81
20	50 51	45 14	61 58	79 12	88 21	09 02	60 91	20 80	18 67	36 15
21	30 88	39 88	37 27	98 23	00 56	46 67	14 88	18 19	97 78	47 20
22	60 49	39 06	59 20	04 44	52 40	23 22	51 96	84 22	14 97	48 08
23	36 45	19 52	10 42	83 86	78 87	30 00	39 04	30 38	06 92	41 51
24	45 71	08 61	71 33	00 87	82 21	35 63	46 07	03 56	48 94	36 04
25	69 63	12 03	07 91	34 05	01 27	51 94	90 01	10 22	41 50	50 56
26	41 82	06 87	49 22	16 34	03 13	20 02	31 13	03 92	86 49	69 69
27	09 85	92 32	12 06	34 50	72 04	08 76	61 95	04 84	93 09	84 05
28	57 71	05 35	47 59	65 38	38 41	57 91	61 96	87 63	24 45	17 72
29	82 06	47 67	53 22	36 49	68 86	87 04	18 80	66 96	57 53	88 83
30	17 95	30 06	64 99	33 89	27 84	65 47	78 11	01 86	61 05	05 28
31	70 55	98 92	19 44	85 86	65 73	69 73	75 41	78 51	05 57	36 33
32	97 93	30 87	84 49	28 29	77 84	31 09	35 59	41 39	71 46	53 57
33	31 55	49 69	17 12	22 20	41 50	45 63	52 13	46 20	70 72	30 57
34	30 92	80 82	37 16	01 46	81 22	48 80	55 77	99 11	30 14	65 29
35	98 05	49 50	04 94	71 34	12 49	85 82	82 67	17 38	22 86	15 93
36	00 86	28 06	39 03	29 04	84 41	20 84	01 97	53 50	90 12	94 67
37	74 76	40 09	68 33	73 25	97 71	65 34	72 55	62 50	50 59	01 93
38	63 84	36 95	80 28	36 19	26 50	72 55	80 54	55 68	58 94	96 50
39	48 12	39 00	88 05	86 29	37 96	18 85	07 95	37 06	78 96	32 89
40	20 60	42 30	95 71	77 03	14 88	81 15	91 68	38 07	45 47	37 75
41	13 21	96 10	43 46	00 95	62 09	45 43	87 40	08 00	12 35	35 06
42	12 84	54 72	35 75	88 47	75 20	21 27	73 48	33 69	10 13	77 36
43	57 38	76 05	12 35	29 61	10 48	02 65	25 40	61 54	13 54	59 37
44	25 18	75 82	11 89	13 90	53 66	56 26	38 89	04 79	76 22	82 53
45	10 88	94 70	76 54	45 07	71 24	53 48	10 01	51 99	93 52	12 68
46	78 44	49 86	29 82	12 44	11 54	32 54	68 28	52 27	75 44	22 50
47	99 33	67 75	86 16	90 53	40 48	15 12	01 10	79 58	73 53	35 90
48	38 51	64 06	53 30	50 06	84 55	91 70	48 46	52 37	46 83	58 78
49	45 96	10 96	24 02	17 29	31 14	10 86	37 20	92 79	72 32	84 57
50	75 40	42 25	66 84	22 05	61 93	56 61	62 02	55 31	56 20	99 07

乱数表 (2)

51	44 34	50 25	64 98	77 00	43 82		56 81	92 95	36 82	70 01	39 71
52	37 20	32 93	09 52	68 41	07 06		57 67	92 47	73 43	27 00	10 46
53	59 95	93 91	01 41	50 86	55 84		98 50	51 63	45 43	12 37	17 27
54	94 04	52 59	11 73	72 76	56 97		85 58	25 28	05 94	53 22	40 67
55	63 51	33 98	85 47	17 83	06 64		88 17	88 47	12 25	60 03	42 65
56	26 34	31 20	29 64	09 10	43 42		07 09	01 63	70 14	43 84	33 40
57	09 92	63 10	33 91	02 01	83 43		80 55	70 41	47 35	55 44	64 59
58	28 02	42 96	81 30	91 36	68 33		82 15	64 34	22 04	53 40	60 62
59	79 71	66 94	03 40	26 94	55 89		68 64	71 89	29 59	40 59	20 91
60	68 95	13 66	61 68	13 12	77 95		67 57	52 34	34 89	38 91	84 62
61	58 17	80 37	20 22	39 70	13 39		40 97	24 62	13 67	15 02	02 77
62	37 40	55 69	70 64	41 89	55 25		92 31	76 49	68 85	66 14	09 95
63	28 44	48 78	89 31	73 29	50 70		37 28	79 90	68 46	18 78	33 39
64	73 87	07 23	79 29	91 98	00 80		92 17	01 30	26 68	00 83	04 67
65	01 31	76 04	71 41	30 01	59 14		45 52	05 25	00 75	25 59	25 86
66	02 37	94 45	81 96	91 49	47 80		85 31	27 48	30 81	69 66	45 36
67	71 89	09 37	98 27	71 78	43 92		90 24	68 78	00 16	68 43	80 96
68	30 69	59 11	66 26	89 13	06 08		78 14	90 52	84 18	94 98	45 75
69	51 21	78 40	48 65	62 09	65 58		75 92	87 15	25 37	69 55	35 69
70	21 20	96 73	07 73	10 46	61 14		56 69	80 16	62 62	94 31	76 07
71	02 47	24 60	70 97	41 96	61 60		30 67	37 89	40 03	00 94	70 95
72	95 25	35 42	64 42	41 25	34 74		60 36	80 24	35 39	38 00	22 86
73	98 85	01 42	72 94	81 74	11 66		56 01	19 97	49 18	01 04	91 88
74	02 25	46 36	85 82	55 23	49 62		73 69	66 58	47 58	30 76	02 15
75	69 25	29 29	91 93	31 65	43 92		58 07	25 64	11 54	65 69	55 16
76	43 51	01 71	74 66	61 32	20 08		37 55	43 16	41 01	71 11	44 88
77	29 30	05 54	29 50	54 87	35 45		69 49	64 67	89 66	25 38	13 36
78	88 11	54 97	33 76	53 86	04 11		89 27	09 43	29 68	96 11	35 44
79	92 31	68 87	08 91	20 81	02 67		67 97	20 65	33 16	09 38	27 76
80	52 20	37 47	96 98	53 49	23 16		60 88	42 67	46 52	80 29	63 41
81	63 68	81 12	65 75	77 46	01 77		95 85	25 74	82 19	68 58	77 93
82	09 81	14 75	10 96	99 15	70 03		27 87	54 98	82 82	86 97	42 37
83	32 07	65 74	58 46	20 14	11 66		23 50	94 03	57 60	14 86	96 68
84	04 63	48 98	66 52	21 59	05 61		08 22	10 19	97 17	37 51	39 54
85	90 67	52 22	52 08	51 60	01 06		78 01	80 38	30 61	75 32	66 60
86	89 70	69 73	66 28	74 41	55 89		33 34	34 54	07 82	71 03	62 76
87	46 25	32 28	38 05	50 46	69 77		58 52	33 69	35 58	01 67	12 23
88	14 43	01 84	47 35	32 59	90 29		59 26	85 23	10 25	64 15	00 15
89	65 05	31 62	40 57	40 22	44 63		46 69	27 78	11 09	92 21	74 41
90	62 97	72 57	04 93	34 35	93 07		65 71	71 59	58 95	85 46	32 44
91	00 33	26 81	26 44	20 62	66 76		78 19	59 72	83 31	11 16	35 63
92	49 11	59 58	02 78	37 49	68 94		34 54	71 70	43 67	02 89	76 81
93	99 52	66 19	26 77	18 44	65 73		64 53	82 34	41 24	91 05	69 87
94	68 41	27 52	08 82	25 80	19 55		55 68	62 25	25 28	97 40	16 13
95	27 65	13 74	19 88	99 02	23 56		17 24	39 27	71 01	27 32	91 20
96	63 73	88 02	45 78	51 38	06 90		14 95	29 65	07 53	06 89	28 92
97	46 18	83 17	24 16	15 29	73 10		42 54	47 08	76 78	32 38	73 94
98	48 31	92 47	67 53	54 23	98 83		61 26	29 52	41 20	05 31	63 70
99	22 90	24 75	75 39	70 50	88 22		61 91	73 34	66 15	98 59	23 12
100	57 78	78 46	23 82	16 50	08 13		67 00	90 82	06 04	92 31	95 91

初　版（数ⅡB）
第 1 刷　1964 年 3 月 1 日　発行
新　制
第 1 刷　1974 年 1 月 1 日　発行
新　制（代数・幾何）
第 1 刷　1983 年 1 月 10 日　発行
新　制（数学B）
第 1 刷　1994 年 11 月 1 日　発行
新課程
第 1 刷　2003 年 12 月 1 日　発行
新課程
第 1 刷　2012 年 10 月 1 日　発行
新課程
第 1 刷　2022 年 11 月 1 日　発行

ISBN978-4-410-20947-5

教科書傍用

スタンダード
数学B
〔数列，統計的な推測〕

編　者　数研出版編集部
発行者　星野　泰也
発行所　数研出版株式会社

〒101-0052　東京都千代田区神田小川町 2 丁目 3 番地 3
〔振替〕00140-4-118431
〒604-0861　京都市中京区烏丸通竹屋町上る大倉町205番地
〔電話〕代表　(075)231-0161
ホームページ　https://www.chart.co.jp
印刷　創栄図書印刷株式会社

221001

■ 指数法則と指数関数の法則
▶ 指数法則
$a>0$, $b>0$, r, s は有理数とする。
① $a^r a^s = a^{r+s}$
② $(a^r)^s = a^{rs}$
③ $(ab)^r = a^r b^r$
④ $\dfrac{a^r}{a^s} = a^{r-s}$
⑤ $\left(\dfrac{a}{b}\right)^r = \dfrac{a^r}{b^r}$

▶ 指数関数 $y=a^x$ の性質
① 定義域は実数全体，値域は正の数全体
② $a>1$ のとき　x が増加すると y も増加
$$p<q \iff a^p < a^q$$
$0<a<1$ のとき　x が増加すると y は減少
$$p<q \iff a^p > a^q$$

■ 対数の定義と性質
▶ 対数の定義
$a>0$, $a \neq 1$, $M>0$ とする。
$$a^p = M \iff p = \log_a M$$

▶ 対数の性質
$a>0$, $a \neq 1$, $M>0$, $N>0$, k が実数のとき
① $\log_a a = 1 \qquad \log_a 1 = 0 \qquad \log_a \dfrac{1}{a} = -1$
② $\log_a MN = \log_a M + \log_a N$
③ $\log_a \dfrac{M}{N} = \log_a M - \log_a N$
④ $\log_a M^k = k \log_a M$

■ 数列の和と図形
自然数 n に対して，上の段から順に点を1個，2個，3個，……，n 個と三角形状に配列した図形を考えると，点の総数は
$$1+2+3+\cdots\cdots+n = \frac{1}{2}n(n+1)$$

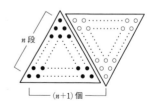

n^2 個の点が正方形状に配列されているとき，逆L字形の帯の上にある点の個数を考えると，次の等式が得られる。
$$1+3+5+\cdots\cdots+(2n-1) = n^2$$

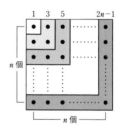

下の図の左辺において，1つの三角形内にある数の和 S は $S = 1^2+2^2+3^2+\cdots\cdots+n^2$ である。
$$3S = \frac{1}{2}n(n+1)\times(2n+1) \text{ であるから}$$
$$S = \frac{1}{6}n(n+1)(2n+1)$$

したがって，次の等式が得られる。
$$1^2+2^2+3^2+\cdots\cdots+n^2 = \frac{1}{6}n(n+1)(2n+1)$$

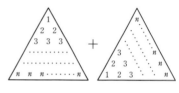

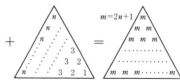